演習で学ぶ無機化学

伊藤和男
石垣隆正
佐々木洋
野田達夫
共著

三共出版

まえがき

　本書は，大学，高専において無機化学の基礎を学習するための教科書として書かれたものである。本書の最大の特徴は，理解の定着を図るため演習を重視している点である。そのため，各章には多くの例題をつくり詳しい解答を記した。さらに，各章の終りにも章末問題をおき，詳しい解答を本書の終わりに付けた。また，章末問題等には，大学院の入試問題や大学の編入学試験問題を使い，学生の進学の役に立つよう工夫した。本書は，基礎を重視して書かれているが，本書をしっかり勉強すれば，大学院の入試問題も解くことができる。講義をただ聴くだけでなく，問題を自分で解くという作業により，より理解が深まるので，しっかり例題，章末問題に取り組んでいただきたい。

　本書は，基礎理論を重視したため，無機元素の各論が省かれている。最近の流れとして，多くの他の無機化学教科書も，元素各論が少なくなっている。知識の羅列になりやすい各論が少なくなってきているのが現状である。単なる知識は，ネット環境を使ってすぐに調べられるという現状も，このような流れを後押ししているのかもしれない。しかし，各論が不要になった訳ではないので，他書で勉強していただきたい。

　本書では，一般的な無機化学の基礎理論の他に，今後の必要性から，電気化学の章を加えた。さらに，より実用的な無機材料についても章を設けたのが特徴である。また，初学者でもわかるように丁寧な記述に努め，特にはじめの数章は，例題もやさしく，理解しやすいようにした。章末に付け加えた2編のコラムは，息抜きに目を通していただきたい。

　本書は，無機化学を専門とする4名が分担して執筆した。4，6，8章を石垣隆正先生が，5章を佐々木洋先生，7章を野田達夫先生，そして，1〜3章とコラムを著者代表の伊藤和男が執筆した。

　本書を執筆するにあたり，すでに刊行されている多くの無機化学教科書を参考にさせていただいたが，特に，恩師である東京工業大学名誉教授，一國雅巳先生の「基礎無機化学」を参考にさせていただいた。こころよりお礼を申し上げたい。さらに，入学試験問題の使用をご許可いただいた，各大学にお礼を申し上げる。また，本書の出版にあたり，ご尽力いただいた，三共出版（株）の岡部　勝氏，飯野久子氏に厚く感謝申し上げます。

平成28年3月

著者代表　伊藤和男

目　次

第1章　原　　子
1-1　元素の存在度 ……………………………………………………………… 1
1-2　原子の構造 ………………………………………………………………… 3
1-3　元素と単体 ………………………………………………………………… 4
1-4　同 位 体 …………………………………………………………………… 5
1-5　原 子 量 …………………………………………………………………… 5
1-6　原子核反応 ………………………………………………………………… 6
　　1-6-1　核 反 応 式 ……………………………………………………… 7
　　1-6-2　放射性同位体 …………………………………………………… 7
1-7　放射性同位体の反応速度 ………………………………………………… 9
章 末 問 題 ……………………………………………………………………… 11

第2章　原子モデルと周期表
2-1　ボーアの原子モデル ……………………………………………………… 12
2-2　波動方程式 ………………………………………………………………… 14
2-3　電子のスピン ……………………………………………………………… 17
2-4　原子の電子配置 …………………………………………………………… 18
2-5　電子配置と周期律 ………………………………………………………… 20
2-6　原子半径 …………………………………………………………………… 21
章 末 問 題 ……………………………………………………………………… 27

第3章　化 学 結 合
3-1　イオン結合 ………………………………………………………………… 28
　　3-1-1　陽イオンとイオン化エネルギー ……………………………… 28
　　3-1-2　陰イオンと電子親和力 ………………………………………… 31
　　3-1-3　電気陰性度とイオン結合性 …………………………………… 31
　　3-1-4　イオン半径 ……………………………………………………… 34
3-2　共 有 結 合 ………………………………………………………………… 36
　　3-2-1　古典的な結合理論 ……………………………………………… 36
　　3-2-2　混成軌道と分子構造 …………………………………………… 37
　　3-2-3　分子軌道法 ……………………………………………………… 42
3-3　その他の結合 ……………………………………………………………… 46

3－3－1　金属結合 …………………………………… 46
　　　3－3－2　水素結合 …………………………………… 48
　章末問題 ………………………………………………………… 50

第4章　固体化学

4－1　固体中の電子の動き …………………………………… 51
　　4－1－1　結晶のバンド構造 ……………………………… 51
　　4－1－2　絶縁体，半導体および金属 …………………… 52
4－2　結晶構造 ………………………………………………… 54
　　4－2－1　単位格子と結晶構造 …………………………… 54
　　4－2－2　金属結晶 ………………………………………… 57
　　4－2－3　イオン結晶の構造 ……………………………… 59
　　4－2－4　共有結合性結晶の構造 ………………………… 61
　　4－2－5　代表的な結晶構造 ……………………………… 62
4－3　格子エネルギー ………………………………………… 68
　　4－3－1　ボルン-ハーバーサイクル ……………………… 68
　　4－3－2　マデルング定数 ………………………………… 69
4－4　ガラス …………………………………………………… 71
　章末問題 ………………………………………………………… 72

第5章　錯体化学

5－1　錯体の構造 ……………………………………………… 74
　　5－1－1　命名法 …………………………………………… 74
　　5－1－2　化学式 …………………………………………… 75
　　5－1－3　配位多面体と幾何異性体 ……………………… 76
　　5－1－4　6配位八面体錯体の光学異性体 ……………… 77
5－2　錯体の電子配置と性質 ………………………………… 78
　　5－2－1　錯体の電子配置 ………………………………… 78
　　5－2－2　d軌道の分類と分裂 …………………………… 78
　　5－2－3　分光化学系列 …………………………………… 79
　　5－2－4　高スピン・低スピン錯体 ……………………… 80
　　5－2－5　結晶場安定化エネルギー ……………………… 81
　　5－2－6　不対電子と磁性 ………………………………… 82
5－3　錯体の反応と安定性 …………………………………… 83
　　5－3－1　配位子置換反応 ………………………………… 83
　　5－3－2　逐次生成定数・全生成定数 …………………… 84
　　5－3－3　キレート効果 …………………………………… 85
　　5－3－4　化学種分布図 …………………………………… 86

  5－3－5 トランス効果 ·· 87
章 末 問 題 ··· 90

第6章　酸と塩基

6－1 アレニウスの酸・塩基 ·· 92
6－2 ブレンステッド酸・塩基 ·· 92
6－3 ルイス酸・塩基 ·· 95
6－4 硬い酸・塩基と軟らかい酸・塩基 ···································· 96
章 末 問 題 ··· 98

第7章　電気化学

7－1 酸化還元反応 ·· 99
7－2 電池と起電力 ··· 102
7－3 標準電極電位 ··· 104
7－4 ネルンストの式 ··· 106
7－5 酸化還元平衡 ··· 107
7－6 実 用 電 池 ··· 109
7－7 電 気 分 解 ··· 112
章 末 問 題 ·· 115

第8章　無機材料

8－1 半導体の応用 ··· 117
  8－1－1 真性半導体と不純物半導体 ································· 117
  8－1－2 pn接合とダイオード ······································· 118
8－2 イオン伝導 ·· 120
8－3 リチウムイオン二次電池 ·· 121
8－4 燃 料 電 池 ··· 122
章 末 問 題 ·· 124

章末問題解答 ·· 125
索　　　引 ·· 141

第1章 原子 Atom

　無機化学の基礎である，原子について説明する。原子にはいろいろな種類があり，それらの原子が集合して物質が形成される。化学的に区別される原子の種類を元素とよび，化学の重要な基本概念の1つである。

1−1　元素の存在度

　太陽大気の元素組成を，元素の太陽系存在度（solar system abundance of the elements）という。ケイ素原子を 10^6 個としたときの相対原子数で表わされる。太陽大気の元素組成は太陽光のスペクトル分析と炭素質コンドライトと呼ばれる隕石の分析により詳しく調べられている。原子番号順に表わすと図1−1のようになる。この図より，次のような元素存在度の特徴が見られる。

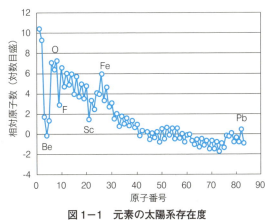

図1−1　元素の太陽系存在度
Si 原子を 10^6 個とした場合の相対原子数

　1　原子番号の増加とともに存在度は指数関数的に減少しているが，40番以降はほぼ一定になる。

2　鉄とニッケルは存在度が突出している。またリチウム，ベリリウム，ホウ素は異常に少ない。

3　偶数番号元素は隣り合った奇数番号元素よりも存在度が大きい。これをオッドー－ハーキンズの法則という。ただし，原子番号の小さい元素では，成り立たない場合がある。

　地球全体の元素組成は詳しくはわかっていない。しかし，地球表層部の地殻の元素組成は詳細に求められている。これを，元素の地殻存在度（crustal abundance）という。地殻からは，直接試料採取ができるため正確なデータが得られている。地殻の厚さは，大陸部分で平均 35 km，海洋部分では，5～10 km である。地殻は人類が到達できる範囲であり，そこから，有用な元素を採取して産業活動に利用しているため，地殻存在度はとても重要なデータである。図1-2に地殻存在度を示した。

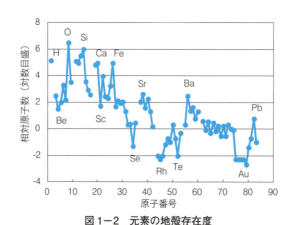

図1-2　元素の地殻存在度

Si 原子を 10^6 個とした場合の相対原子数。空白の元素は，地殻に含まれない気体状元素である。

　表1-1では，太陽系存在度と地殻存在度の上位10元素を比較した。

　太陽系存在度と地殻存在度とで大きく異なっているが，次のように理解することができる。地殻では，太陽大気の成分のうち，揮発性元素が取り除かれたものと理解できる。揮発性元素とは，地球が誕生したときに気体の単体または化合物として存在していた元素で，HeやNeなどの希ガス，H_2，N_2，CO_2，SO_2 などの気体として存在していたと考えられる。一方，不揮発性元素は，太陽大気とほぼ同様の存在度を示す。

表1-1　太陽系と地殻（地球）上位10元素の比較

存在度順位	1	2	3	4	5	6	7	8	9	10
太陽系存在度	H	He	O	C	Ne	N	Mg	Si	Fe	S
地殻存在度（地球）	O	Si	H	Al	Na	Ca	Fe	Mg	K	Ti

> **例題 1-1**
> 地球表層の固体部分である地殻は，24×10^{21} kg である。金，銀，銅の地殻存在度は，それぞれ，0.004, 0.07, 55 ppm である。地殻に含まれる金，銀，銅の全量を計算せよ。

> **解**
> 金：24×10^{21} kg $\times$ 0.004 ppm $= 24 \times 10^{21}$ kg $\times 0.004 \times 10^{-6} = 9.6 \times 10^{13}$ kg
> 銀：24×10^{21} kg $\times$ 0.07 ppm $= 24 \times 10^{21}$ kg $\times 0.07 \times 10^{-6} = 1.7 \times 10^{15}$ kg
> 銅：24×10^{21} kg $\times$ 55 ppm $= 24 \times 10^{21}$ kg $\times 55 \times 10^{-6} = 1.3 \times 10^{18}$ kg

> **例題 1-2**
> 以下の用語を用いて，太陽系存在度の特徴を説明せよ。
> 　　　原子番号，鉄，ベリリウム，オッドーハーキンズの法則

> **解**
> 太陽系存在度の特徴は，**原子番号**の増加とともに存在度が指数関数的に減少することである。また，**鉄**の存在度が特に大きく，**ベリリウム**は逆に異常に少ない。偶数番号元素は隣り合った奇数番号元素よりも存在度が大きく，これを**オッドーハーキンズの法則**という。

1-2　原子の構造

　原子（atom）は原子核（atomic nucleus）とそれを取りまく電子（electron）からできている。取りまいている電子は雲のように見えるので，電子雲（electron cloud）と呼ばれる。原子核はプラスの電荷をもち，電子はマイナスの電荷をもっている。原子核は陽子（proton）と中性子（neutron）というさらに小さな粒子からできている。陽子はプラスの電荷をもつが，中性子は電荷をもたず電気的に中性である。陽子と電子の電荷の大きさは，符号が逆であるが 1.602×10^{-19} C である。この大きさを電気素量といい，記号 e で表わす。また，それぞれの粒子の質量を比較すると，陽子と中性子がほぼ等しい質量をもち，電子は非常に軽く，陽子や中性子のおよそ 1/1800 しかない。

　以上をまとめると，表 1-2 のようになる。電子，陽子，中性子は，英語の頭文字をとった記号，e, p, n で表わす。また，質量の単位 u は，炭素を 12 とする質量単位である，以下の節で説明される。

表1-2 原子を構成する粒子

名称	記号	質量 kg	質量 u	電荷
電子	e	9.109×10^{-31}	0.0005486	-1
陽子	p	1.673×10^{-27}	1.0072765	1
中性子	n	1.675×10^{-27}	1.0086649	0

例題1-3

原子を構成している3つの粒子の名称を，日本語と英語で書け。

解

電子 electron, 陽子 proton, 中性子 neutron

1-3 元素と単体

陽子の数と中性子の数の組み合わせにより，いろいろな原子がある。たとえば，陽子が6個である原子を調べると，天然には中性子を6，7，および8個もつ原子が存在する。しかし，中性子が何個であっても，この原子は炭素としての性質をもつことが確かめられた。したがって，化学的性質を決めているのは原子の中の陽子であることがわかる。

そこで，陽子の数が同じで，中性子の数が異なる原子をまとめて，元素 (element) という。元素にはそれぞれ固有の名前がつけられている。たとえば，陽子数が6である，3つの原子は，炭素という名前の元素である。記号としてCと書く。

元素と混同する用語に，単体 (simple substance) がある。単体とは，同じ元素の原子が集まってできた物質のことである。たとえば，水素という元素は，Hと書かれるが，水素という単体は，H_2と書かれる水素分子のことである。単体の名称と元素名が同じために，しばしば混乱がおこるので注意する必要がある。

例題1-4

以下のものから単体を選べ。

ダイヤモンド，金属鉄，二酸化炭素 CO_2，塩素ガス Cl_2，ヘリウムガス He，水 H_2O，水晶 SiO_2，食塩 NaCl，オゾン O_3

解

ダイヤモンド，金属鉄，塩素ガス Cl_2，ヘリウムガス He，オゾン O_3

1－4 同位体

炭素原子は6個の陽子をもつことが特徴である。しかし，自然界には中性子の数が異なる3つの炭素原子があり，どれも炭素原子である。そこで，中性子の数まで考慮した分類が必要になる。これが同位体（isotope）である。したがって，炭素の同位体には，中性子の数が6個の同位体と，7個の同位体と，8個の同位体があることになる。

化学では陽子数と中性子数の和を質量数（mass number）という。炭素の同位体には，質量数が12，13，14の同位体があることになる。同位体を表わすには，元素の後に質量数を付けて，炭素12，酸素16のように書く。また，元素記号を使うときは質量数を元素記号の左肩に書き，^{12}C，^{16}Oのようになる。水素の3種類の同位体では，固有の名前がつけられていて，^1Hはプロチウム，^2Hはジュウテリウム，^3Hはトリチウムいう。

例題 1－5
アルゴンには，質量数が36，38，40の同位体が存在する。元素記号を使って表わせ。

解
^{36}Ar，^{38}Ar，^{40}Ar

1－5 原子量

原子の質量は質量数12の炭素同位体^{12}Cの質量を基準にして決定されている。^{12}Cの質量の1/12を原子質量単位（atomic mass unit）とよび，原子の質量の単位として用いる。単位記号はuである。

$$1u = 1.66054 \times 10^{-27} kg$$

この値は，その原子核の質量とほぼ等しくなっている。

各元素の質量を表現するのに原子量（atomic weight）が決められている。原子量は各元素の同位体の質量に同位体存在比をかけ，これを全部の同位体について合計した値と1uとの比である。したがって原子量には単位がない。そして原子量にグラムをつけると，1モルの原子の質量になる。

例題 1－6
天然の炭素は2種類の同位体^{12}Cと^{13}Cからなると仮定する。^{12}Cの質量は，12.00000，存在比は98.892%であり，^{13}Cの質量は，13.00335，存在比は1.108%である。炭素の原子量を計算せよ。

> **解**
> 2種類の同位体について合計すると
> 原子量 = 12.0000 × 0.98892 + 13.00335 × 0.01108
> = 12.01112

例題 1－7
 天然に存在するケイ素の同位体存在比は，^{28}Si 92.23%，^{29}Si 4.67%，^{30}Si 3.10% である。また，質量はそれぞれ，^{28}Si 27.977，^{29}Si 28.977，^{30}Si 29.974 である。ケイ素の原子量を計算せよ。

> **解**
> 3種類の同位体について合計すると
> 原子量 = 27.977 × 0.9223 + 28.977 × 0.0467 + 29.974 × 0.0310
> = 28.085

例題 1－8
 天然のホウ素は 80.22% の ^{11}B と 19.78% のもう 1 つの同位体からなっている。^{11}B の質量は 11.009 であることがわかっている。そこで，ホウ素の原子量 10.810 説明するためには，もう 1 つの同位体の質量はいくつでなければならないか。

> **解**
> もう 1 つの同位体の質量を x とすれば
> 原子量，10.810 = 11.009 × 0.8022 + x × 0.1978
> これを解いて　質量 x = 10.01u となる。

1－6　原子核反応

 通常の化学反応では，原子核が変化することはない。しかし，原子核自体が分解して，別の原子に変化する反応がある。これが原子核反応（略して核反応ともいう）である。核反応には，自発的に別の原子核に変化する，放射性同位体による反応はよく知られているが，他に，ある原子核と中性子による反応や，別の原子核との衝突による反応などがある。

1-6-1 核反応式

核反応式では，一般の化学反応式とは異なる規則で両辺を一致させる。その規則は以下のようになる。

1. 各粒子の記号の左肩に質量数，左下に原子番号を書く。
2. 遊離の陽子は水素原子の原子核である。したがって陽子の記号は H である。
3. 遊離の中性子は電荷をもたないので，原子番号はゼロである。中性子の質量は1であり，その記号は n である。
4. 電子は質量数がゼロ，原子番号が−1である。記号は $_{-1}^{0}e$ で表わす。
5. 核反応では，普通の電子のほかに，プラスの電荷をもつ，陽電子が生成する。陽電子の記号は $_{+1}^{0}e$ である。
6. アルファ粒子（α）と呼ばれる粒子は，ヘリウムの原子核であるので，記号は $_{2}^{4}He$ で表わす。
7. ガンマ線（γ）と呼ばれる放射線は，光子であるので，質量数，電荷ともゼロである。記号はγのように書く。
8. 左肩の数字の和は，右辺と左辺で等しくなる。また同様に，左下の数字の和も等しくなる。

例として，水素3がヘリウムに変化する核反応を示す。

$$_{1}^{3}H \longrightarrow \; _{2}^{3}He \; + \; _{-1}^{0}e$$

1-6-2 放射性同位体

自発的に別の同位体に変化する同位体は，放射線を放出しながら変化していく。このような同位体を放射性同位体という。そしてこのような反応を崩壊（decay）という。それに対して，一般的に見られる，放射線を放出しない安定な同位体を安定同位体という。放射性同位体は，医学，工学，環境科学，考古学など，さまざまな分野で活用されている。放射性同位体が崩壊により生成した同位体が安定同位体であれば，それ以上崩壊することはない。

ウランやトリウムなどの重い放射性同位体が崩壊するときは，崩壊によって生じた別の同位体もまた放射性であり，それがまた崩壊するといった段階的な崩壊がおこる。このように順次生成する放射性同位体の系列を放射崩壊系列という。

地球が誕生してから約45億年が経ち，誕生時に存在した放射性同位体は，大部分が安定同位体に変化している。したがって，現在の地球に存在する放射性同位体は，崩壊反応の極めて遅い同位体や，高エネルギーの宇宙線により高層大気中で生成される，HやCなどである。

放射性同位体の反応は，3つのタイプに分類される。

(1) β^-崩壊

安定同位体よりも中性子数の多い同位体では，電子（陰電子 negatron）の放出がおこる。これを β^- 崩壊という。β^- 崩壊により中性子が陽子に変化して，中性子が減り，安定化する。たとえばフッ素について調べてみると，安定同位体は質量数 19 のフッ素，一種類だけである。それよりも中性子数の多い質量数 20 のフッ素は，β^- 崩壊してネオンに変わる。この反応では質量数は変化しない。反応式は次のようになる。

$$^{20}_{9}\text{F} \longrightarrow {}^{20}_{10}\text{Ne} + {}^{0}_{-1}\text{e}$$

(2) β^+崩壊

安定同位体よりも中性子数の少ない同位体では，陽電子（positron）の放出がおこる。陽電子とは，プラス 1 価の電荷をもつ電子で，質量は電子（陰電子）と変わらない。このような崩壊を β^+ 崩壊という。β^+ 崩壊では陽子が中性子に変化して，中性子が増え，原子核は安定化する。たとえばフッ素について調べてみると，安定同位体よりも中性子数の少ない質量数 18 のフッ素は，β^+ 崩壊して酸素に変わる。この反応でも質量数は変化しない。反応式は次のようになる。

$$^{18}_{9}\text{F} \longrightarrow {}^{18}_{9}\text{Ne} + {}^{0}_{+1}\text{e}$$

(3) α崩壊

原子番号が 84 以上の重い元素は安定同位体をもたず，不安定な元素である。このような重い元素は，α 粒子（α-particle），すなわちヘリウムの原子核を放出して崩壊する。このような崩壊を α 崩壊と呼ぶ。たとえば，ラジウム 226 は α 崩壊して，ラドン 222 に変化する。反応式は次のようになる。

$$^{226}_{88}\text{Ra} \longrightarrow {}^{222}_{86}\text{Rn} + {}^{4}_{2}\text{He}$$

α 粒子が放出されると原子核の中の陽子と中性子がそれぞれ 2 個ずつ減少する。α 崩壊が連続すると生成した原子核は陽子に対して中性子が過剰となる。そこで中性子を減らすため β^- 崩壊がおこる。このため放射崩壊系列では α 崩壊ばかりでなく β^- 崩壊もおこる。

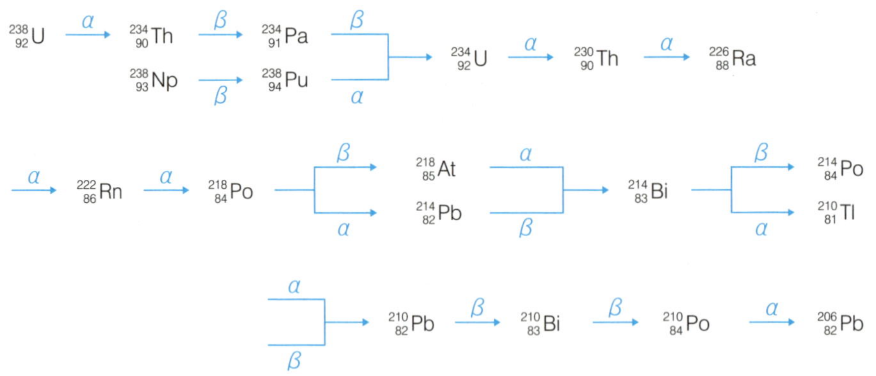

図 1−3　ウラン 238 を親核種とする放射崩壊系列

図1-3にウラン238から始まる放射崩壊系列を示した。この系列では，8回のα崩壊と6回のβ⁻崩壊がおこる。

> **例題1-9**
>
> 次の原子核反応を反応式で表わせ。
> (1) リン30は崩壊して，ケイ素30に変わる。
> (2) 窒素14はアルファ粒子を吸収して，酸素17に変わる。
> (3) ベリリウム9はアルファ粒子を吸収して，炭素12に変わる。
> (4) ラドン219（原子番号86, Rn）は崩壊して，ポロニウム215（原子番号84, Po）に変わる。
>
> **解**
> (1) $^{30}_{15}P \longrightarrow \ ^{30}_{14}Si + ^{0}_{1}e$
> (2) $^{14}_{7}N + ^{4}_{2}He \longrightarrow \ ^{17}_{8}O + ^{1}_{1}H$
> (3) $^{9}_{4}Be + ^{4}_{2}He \longrightarrow \ ^{12}_{6}C + ^{1}_{0}n$
> (4) $^{219}_{86}Rn \longrightarrow \ ^{215}_{84}Po + ^{4}_{2}He$

1-7 放射性同位体の反応速度

核の組成が時間とともに変化する同位体が放射性同位体である。この同位体は崩壊により別の同位体に変化し，最後は安定同位体になる。この反応は，一次反応速度式で表わすことができる。ある放射性同位体はN個あり，これが時間dtの間にdN個だけ崩壊したとすれば，次の関係が成立する。

$$-dN/dt = \lambda N \tag{1}$$

ここで，λは崩壊定数（decay constant）という。またマイナスがつくのは，減少速度だからである。λは放射性同位体に固有の定数である。λが大きいほど速く崩壊する。式(1)を積分して，時間 t = 0 の時のNをN_0と書けば

$$N = N_0 \exp(-\lambda t) \tag{2}$$

または

$$\ln(N/N) = -\lambda t \tag{3}$$

となる。放射性同位体の原子数が半分に減る時間を半減期（half-life）という。式(2)または(3)に N = (1/2)N_0 を入れて解くと，半減期 $t_{1/2}$ は

$$t_{1/2} = \frac{\ln 2}{\lambda} = \frac{0.693}{\lambda} \tag{4}$$

となる。放射性同位体の崩壊を時計として利用すると，古い物質の年代測定ができる。これを年代測定（dating）という。

> **例題 1−10**
> ^{18}F は 256 min で 80％が崩壊する。このことから ^{18}F の半減期を求めよ。

解

式（3）より

　　$\ln(20/100) = -\lambda \times 256$ min

　　$\lambda = -\ln(20/100)/256 = 6.29 \times 10^{-3}$ min^{-1}

式（4）より

　　$t_{1/2} = 0.693/\lambda = 0.693/6.29 \times 10^{-3}$ min^{-1} = 110 min

> **例題 1−11**
> 　最近切り取った木材を炭にして，β線を測定したところ，1グラム当たり，毎秒 734 s^{-1} であった。また，同様に古代遺跡の木材を炭にして測定すると，1グラム当たり毎秒 612 s^{-1} であった。^{14}C の半減期を 5730 年として，この遺跡の年代を推定せよ。

解

^{14}C は β 線を放出して崩壊する。したがって，毎秒あたりの β 線の量が，毎秒あたりに崩壊する ^{14}C の数にあたる。

式（1）より

　　734 s^{-1} = λN_0

　　612 s^{-1} = λN

したがって　N/N_0 = 612/734

式（3）より

　　$\ln(612/734) = -\lambda t$

式（4）より

　　5730 年 = $0.693/\lambda$

　　$\lambda = 1.209 \times 10^{-4}$ 年$^{-1}$

代入して

　　$\ln(612/734) = -1.209 \times 10^{-4}$ 年$^{-1}$ × t

　　t = 1890 年

章末問題

1 次の原子核反応を反応式で表わせ。
(1) 窒素 14 は陽子を吸収して，炭素 11 に変わる。
(2) アルミニウム 27 は中性子を吸収して，ある原子に変化し陽子を放出した。
(3) マンガン 55 は重水素を吸収して，ある元素に変化し，2 つの中性子を放出した。
(4) ベリリウム 7 は崩壊してリチウム 7 に変化した。

2 半減期 40 分で崩壊する放射性同位体の崩壊定数を $\sec^{-1}$ 単位で示せ。また，この崩壊が 98％ 進むためには，何時間かかるか計算せよ。

（大学院入試問題に類題多数）

3 ある遺跡から木簡が出土した。木簡の ^{14}C に起因する放射能の強さは，新鮮な木簡の放射能の強さを 100（任意の単位）としたとき，86 に相当する強さであった。^{14}C の半減期は 5730 年である。この木簡は何年前のものであるか推定せよ。有効数字は 3 桁とする。

第2章 原子モデルと周期表
Atomic model and the periodic table

　原子は核とそれを取りまく電子からできている。原子の種類により，取りまく電子の状態が異なり，それらを表現したものが原子モデルである。また，化学の極めて重要な基本概念である周期表についても説明する。

2−1　ボーアの原子モデル

　デンマークの物理学者ボーア（Bohr）は，今までとはまったく異なる原子モデルを提案した。このモデルでは，電子は核の周りを古典力学の法則に従って円運動をしているが，電子の軌道半径は連続した値をとらず，とびとびの値しかとらない。軌道の半径が異なると電子のエネルギーも異なる。したがって電子がある軌道から別の軌道に移ると，2つのエネルギー差に相当するエネルギーが放出あるいは吸収される。

　核の周りを円運動している電子は，核に引かれるクーロン力と飛び出していこうとする遠心力が釣り合っている。この条件より，水素原子の軌道の半径を計算して図に示したものが，図2−1である。

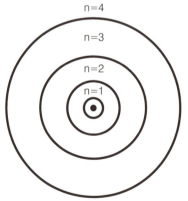

図2−1　ボーアの原子モデルによる電子の軌道
軌道の半径は $52.9 \text{ pm} \times n^2$ である。

ボーアのモデルは，水素の発光スペクトルの波長を正確に計算することができたため，極めて有用なモデルとして大きな関心を集めた。水素を封入した放電管の両極に高電圧をかけると水素特有の発光が見られる。この光を分光器にかけると，特有の線スペクトルが多数現われる。この多数の線スペクトルの波長には規則性がある。可視部の線スペクトルの波長は以下の式で表わされる。

$$1/\lambda = R(1/2^2 - 1/n^2)$$

ここでλは波長，Rはリュードベリ定数（$1.097373 \times 10^7 \mathrm{m}^{-1}$），nは3以上の整数である。これを発見者の名前，バルマー（Balmer）からバルマー系列という。

同様に，紫外部でも規則性が見い出された。これを発見者の名前から，ライマン（Lyman）系列という。nは2以上である。

$$1/\lambda = R(1/1^2 - 1/n^2)$$

これらの線スペクトルは次のように説明される。放電管の中の水素は，高電圧によって作られる電子ビームと衝突してエネルギーをもらい，核に近い一番安定な軌道にあった電子が，核から離れた（半径の大きい）不安定な軌道に移る。しかし，不安定なためすぐにより核に近い安定な軌道に戻る。その時もらったエネルギーを光として放出する。これが水素の発光スペクトルなのである。ボーアのモデルでは，半径が正確に計算されているので軌道を移る場合のエネルギーを正確に求めることができるのである。

電子の取り得るエネルギー状態のうち，最も安定な状態を基底状態（ground state），それよりもエネルギーの高い状態を励起状態（excited state）という。ボーアのモデルは原子のエネルギー状態をうまく説明できたが，原子がどのように結合して分子をつくるかという問題には答えることができなかった。

例題2-1
バルマー系列の中で最も波長の長いスペクトル線の波長を計算せよ。ただし，リュードベリ定数を $1.097373 \times 10^7 \mathrm{m}^{-1}$ とする。

解

$1/\lambda = R(1/2^2 - 1/3^2) = 1.097373 \times 10^7 \times (1/4 - 1/9) = (5.486865 \times 10^7)/36 \mathrm{m}^{-1}$

$\lambda = 36/(5.486865 \times 10^7) = 6.56 \times 10^{-7} \mathrm{m} = 656 \times 10^{-9} \mathrm{m} = 656 \mathrm{nm}$

例題2-2
ジュウテリウムに対するリュードベリ定数は $1.09707 \times 10^7 \mathrm{m}^{-1}$ である。ジュウテリウムの吸収スペクトルにみられる最も短い波長を求めよ。

> **解**
> 最も波長の短いスペクトルは,エネルギーが最大のものである。核に1番近い $n=1$ の軌道から1番遠い $n=\infty$ の軌道へ移るときのエネルギーとなる。
> $1/\lambda = R(1/1^2 - 1/\infty) = 1.09707 \times 10^7 \times (1-0) = (1.09707 \times 10^7)/1$
> $\lambda = 1/(1.09707 \times 10^7) = 91.152$ nm

2－2 波動方程式

ボーアの原子モデルでは,電子の運動が古典力学に従うと仮定された。しかしその後の研究により,電子回折という現象が見い出され,電子が粒子としての性質ばかりでなく,波としての性質をもつことが明らかになった。そこで電子を波として扱い,原子内の電子の位置とエネルギーを求めようとして提案されたのが,シュレディンガーの波動方程式である。この方程式では,Ψ が電子の波の振幅にあたる。したがって Ψ の2乗が電子の空間密度,すなわち,電子の存在確率になる。また h はプランク定数,m は電子の質量,E は電子のもつ全エネルギー,V はポテンシャルエネルギーである。

$$\frac{h^2}{8\pi^2 m}\left(\frac{\partial^2}{\partial x^2}+\frac{\partial^2}{\partial y^2}+\frac{\partial^2}{\partial z^2}\right)\Psi + (E-V)\Psi = 0$$

Ψ は原子の中の電子の状態を記述する関数で,波動関数(wave function)と呼ばれる。

水素原子に対して波動方程式を解くといくつもの解が与えられる。それらの解にはかならず3つ整数が含まれる。そこで,それらの整数を用いて方程式の解を表わすことにする。これらの整数を量子数(quantum number)という。3つの整数で表現される波動方程式の解は,電子の軌道を決めている。3つの量子数には以下のような意味がある。

(1) 主量子数(n):記号 n で表わされる。軌道のエネルギーを決定している。1から始まる整数をとる。

(2) 方位量子数(l):記号 l で表わされる。軌道の形を決定している。0,1,…,$n-1$ までの整数をとる。

(3) 磁気量子数(m):記号 m で表わされる。磁場の方向を基準とする軌道の方向を決定している。l,$l-1$,…0,…,$-l$ までの整数をとる。

電子の状態は主に,n と l で決められる。$n=1$,$l=0$ の状態にある電子を1s電子,$n=2$,$l=1$ の状態にある電子を2p電子のように表わす。$l=0$ ではsで表わし,$l=1$ ではpで表わす。さらに $l=2$ ではd,$l=3$ ではfで表わすことになっている。

量子数 n,l,m の組み合わせで表わされる原子内の電子の状態を原子軌道(atomic orbital)という。たとえば1s電子の軌道を1s軌道と呼ぶ。表2－1に水素原子の原子軌道を示した。軌道のエネルギーのことをエネルギー順位(energy level)という。$n=1$

では，同じエネルギーの軌道は1つだが，$n = 2$ では同じエネルギーの軌道が4つある。このように同じエネルギー順位の軌道が複数ある場合，それらの軌道は縮退または縮重（degeneracy）しているという。なお，1つの原子軌道に入ることのできる電子は2個までである。

表 2-1　水素原子の量子数の組合せと原子軌道

軌道の記号	n	l	m	エネルギー順位（eV）
1s	1	0	0	-13.6
2s	2	0	0	-3.4
2p	2	1	1, 0, -1	-3.4
3s	3	0	0	-1.51
3p	3	1	1, 0, -1	-1.51
3d	3	2	2, 1, 0, -1, -2	-1.51
4s	4	0	0	-0.85

水素原子の1s軌道に対する波動関数を Ψ_{1s} で表わせば

$$\Psi_{1s} = \frac{1}{\sqrt{\pi}} \left(\frac{1}{a_0}\right)^{3/2} \exp\left(-\frac{r}{a_0}\right)$$

となる。ここで $a_0 = 52.9$ pm である。

Ψ の2乗が電子の存在確率になるので，この式から1s軌道の形を求めると図2-2のようになる。1s電子は球状に分布していることがわかる。1s軌道は球状に分布しているので原子核からの距離を r とすると，電子の存在確率は $4\pi r^2\Psi^2$ となる。この関数を動径分布関数という。

図 2-2　1s 電子の軌道

2s軌道も波動関数から同様に決められ，やはり球状の軌道となる。ただし1s軌道より核から離れたところに分布している。

2p軌道はその波動関数が球対称ではなく，特定の方向に伸びている。2p軌道には m が異なる3つの軌道が存在する。これらは空間分布の形は同じだが，方向が異なりそれぞれ x, y, z 軸方向に向いている。2p軌道を図示したものが図2-3である。

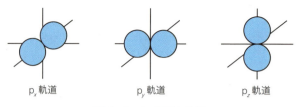

図2-3 2p電子の軌道

3p軌道もまた，2p軌道と同様な形をしているが，原子核からより離れたところに電子が分布している。

3d軌道もp軌道と同様，その波動関数は特定の方向に伸びている。3d軌道にはmが異なる5つの軌道が存在する。3d軌道を図示したものが図2-4である。

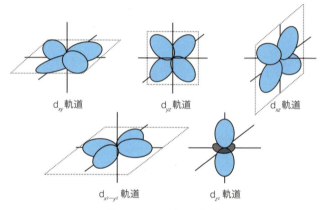

図2-4 3d電子の軌道

水素原子以外の原子においても，同様に原子軌道が定められる。ただしエネルギー順位は異なった値となる。しかしエネルギー順位の大小関係は，水素以外の原子では同じになる。各軌道のエネルギー順位を図2-5に示した。この大小関係を知ることはとても大切なことである。

軌道のエネルギー順位を小さいものから順に記すと，1s < 2s < 2p < 3s < 3p < 4s < 3d < …の順となる。4sが3dよりもエネルギー順位が小さいことが特徴的である。この順番は，図2-6のような図を書くと覚えやすい。

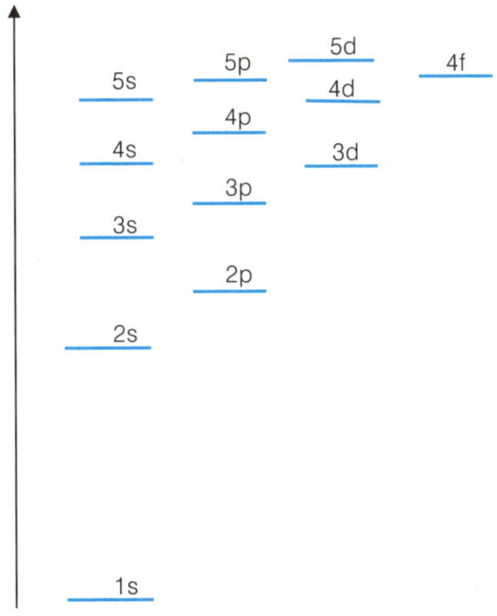

図2−5 水素原子以外の原子のエネルギー順位

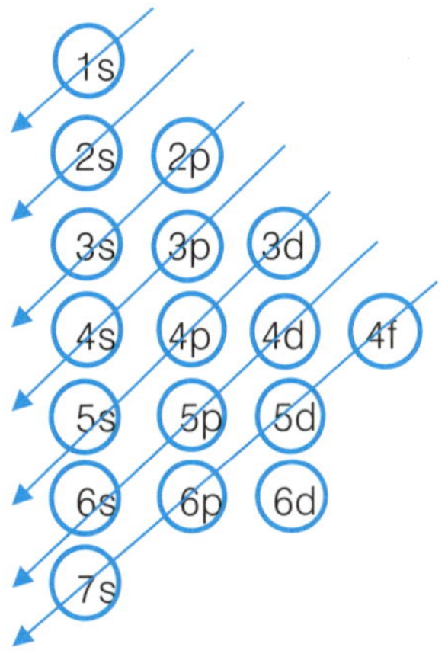

図2−6 軌道を満たしていく順序

例題2−3

4p軌道には縮退している軌道はいくつあるか。量子数の組み合わせから考えよ。

解

$n = 4$

$l = 1$

$m = 1, 0, -1$

$(4, 1, 1), (4, 1, 0), (4, 1, -1)$ の3つ

2−3 電子のスピン

　電子は自転している。そのため電子は非常に小さな磁石となる。また1つの軌道に入っている2つの電子の自転の向きは，互いに逆方向となっている。たとえばヘリウム原子は1s軌道に2個の電子をもっているが，磁石としての性質，常磁性（paramagnetic）を示さない。これは，2つの電子の自転の向きが反対であるため，互いに打ち消しあって磁石としての性質を示さない（反磁性，diamagnetic）のである。

　電子の自転に対しても量子数があてはめられている。これをスピン量子数といい，記号 s で表わされる。スピン量子数の値は自転の方向により，+1/2 または −1/2 が与えられている。スピンを考慮すると原子中の電子は4つの量子数によって決められる。1組の量子数 n, l, m, s によって示される状態にはただ1つの電子しか存在しない。この原理をパ

ウリの原理（Pauli principle）または排他原理という。したがって1つの軌道にはスピンの向きが異なる2つの電子が入れる。この2つの電子を電子対（electron pair）という。一方1つの軌道に1つしか電子が入っていない場合その電子を不対電子（unpaired electron）という。

2-4　原子の電子配置

　原子中の電子がどのように原子軌道を満たしているのかを表したものが電子配置（electronic configuration）である。基底状態の原子中の電子は，エネルギー順位の低い軌道から順番に満たしていく。この原則を構成原理（Aufbau principle）という。

　エネルギー順位の順番は，1s＜2s＜2p＜3s＜3p＜4s＜3d＜4p＜5s＜4d＜5p＜6s＜4f…である。

　電子配置は，水素では1s軌道に電子が1つ入っているので$1s^1$と書く。ヘリウムでは，1s軌道に電子が2つ入っているので$1s^2$と書く。またホウ素では，1s軌道に電子が2つ，2s軌道に電子が2つ，2p軌道に電子が1つ入っているので$1s^2 2s^2 2p^1$のようになる。

　しかし炭素の場合，3つのp軌道のエネルギー順位が等しいので，p軌道の入り方には2通り考えられる。$1s^2 2s^2 2p_x^2$と$1s^2 2s^2 2p_x^1 2p_y^1$である。同じp軌道に2個の電子が入ると空間的に近いので，相互の反発が大きくなる。しかし異なるp軌道に1個ずつ入れば，距離が遠くなり反発は小さくなる。したがって異なるp軌道に入った方がより安定となる。そこで電子配置は，$1s^2 2s^2 2p_x^1 2p_y^1$となっている。またp軌道に1個ずつ入っている電子の自転（スピン）の方向は決まっている。スピン量子数が+1/2で示される方向の方が，-1/2で示される方向よりわずかにエネルギーが低くより安定である。したがって炭素原子のp軌道に入っている2つの電子のスピンは方向が同じである。スピン量子数は2つとも+1/2である。

　このようにエネルギー順位の等しい複数個の軌道中に2個以上の電子が存在するとき，系のエネルギーが最小になり，安定するのはスピン量子数が同じ値（+1/2）をとる場合である（これをスピンが平行であるという）。この法則を，フントの規則（Hunt's rule）という。この規則はd軌道やf軌道にも適用される。電子のスピンの向きを矢印で表し，電子配置を示したものが表2-2である。

　表2-3にすべての原子の電子配置を示した。注意すべき元素は以下の元素である。原子番号19のカリウムKは3dではなく4sに電子が入っている。これは3dよりも4sの方が少しエネルギー順位が低いからである。21番のスカンジウムから3d軌道に入る。ここから遷移元素がはじまる。24番のクロムは$3d^4 4s^2$とはならず$3d^5 4s^1$となる。これは3d軌道が半分満たされた$3d^5$の状態が安定だからである。これを半閉殻の安定という。同様に29番の銅も$3d^9 4s^2$とはならず$3d^{10} 4s^1$となる。これは3d軌道が完全に満たされた状態

表2-2 水素からアルゴンまでの原子のスピンを考慮した電子配置

元素	1s	2s	2p$_x$	2p$_y$	2p$_z$	3s	3p$_x$	3p$_y$	3p$_z$
H	↑								
He	↑↓								
Li	↑↓	↑							
Be	↑↓	↑↓							
Be	↑↓	↑↓	↑						
C	↑↓	↑↓	↑	↑					
N	↑↓	↑↓	↑	↑	↑				
O	↑↓	↑↓	↑↓	↑	↑				
F	↑↓	↑↓	↑↓	↑↓	↑				
Ne	↑↓	↑↓	↑↓	↑↓	↑↓				
Na	↑↓	↑↓	↑↓	↑↓	↑↓	↑			
Mg	↑↓	↑↓	↑↓	↑↓	↑↓	↑↓			
Al	↑↓	↑↓	↑↓	↑↓	↑↓	↑↓	↑		
Si	↑↓	↑↓	↑↓	↑↓	↑↓	↑↓	↑	↑	
P	↑↓	↑↓	↑↓	↑↓	↑↓	↑↓	↑	↑	↑
Si	↑↓	↑↓	↑↓	↑↓	↑↓	↑↓	↑↓	↑	↑
Cl	↑↓	↑↓	↑↓	↑↓	↑↓	↑↓	↑↓	↑↓	↑
Ar	↑↓	↑↓	↑↓	↑↓	↑↓	↑↓	↑↓	↑↓	↑↓

が安定だからである。これを閉殻の安定という。半閉殻や閉殻が安定なのは，この状態での電子分布が空間的に球対称になり，エネルギー状態が低くなるからである。同様なことが4d軌道でもおこる。

　原子核から電子までの平均距離はそれぞれの軌道の主量子数で決まってくる。したがって電子は主量子数ごとにまとまって1つの殻のようにみえる。そこで主量子数 $n = 1$ に対する殻をK殻，$n = 2$ に対する殻をL殻，以下M殻，N殻，O殻という。方位量子数 l によって細分される，s，p，d軌道を副殻という。

> **例題2-4**
> 　以下の原子，またはイオンの電子配置を例にしたがって書き不対電子の数を示せ。なお参考のため原子番号を付してある。
> 　　例）$_{12}$C の電子配置：$1s^22s^22p^2$
> 　(1) $_{20}$Ca　(2) $_9$F　(3) $_{24}$Cr　(4) $_{47}$Ag　(5) $_9$F$^-$　(6) $_{20}$Ca^{2+}
> 　　　　　　　　　　　　　　　（大学編入学試験および大学院入学試験に類題多数）
>
> **解**
> (1) $1s^22s^22p^63s^23p^64s^2$　　　　不対電子数：0
> (2) $1s^22s^22p^5$　　　　　　　　　不対電子数：1
> (3) $1s^22s^22p^63s^23p^63d^54s^1$　　不対電子数：6

(4) $1s^22s^22p^63s^23p^63d^{10}4s^24p^64d^{10}5s^1$ 不対電子数：1
(5) $1s^22s^22p^6$ 不対電子数：0
(6) $1s^22s^22p^63s^23p^6$ 不対電子数：0

2−5　電子配置と周期律

　元素を原子番号の順に並べていくと，周期的に性質の類似した元素が現われる。このように元素の性質が周期的に変化することを周期律（periodic law）という。性質が似ている元素に共通しているのは，一番外側の軌道，すなわち最外殻軌道の電子配置が同じということである。

　性質が類似している元素が同じ縦の列になるように元素を並べた表が周期表（periodic table）である。周期表にはいくつかの形式があるが，現在広く用いられている長周期型の周期表を表2−4に示した。縦の列を族，横の列を周期という。元素は18の族と7つの周期に分けられている。

　最外殻に1個のs電子をもつ元素群を第1族（アルカリ金属）といい，最外殻に2個のs電子をもつ元素群を第2族（アルカリ土類金属）という。これらの2つの族はsブロック元素と呼ばれる。最外殻に3個の電子（2s電子と1p電子）をもつ元素は13族と呼ばれ，同様に最外殻電子が4個の元素が第14族，5個の元素が15族，6個の元素が16族，7個の元素が17族，8個ですべて満たされた元素が18族である。13から18族はp軌道が満たされていく元素で，pブロック元素と呼ばれる。sブロック元素とpブロック元素を合わせて典型元素という。

　同様にd軌道が満たされていく元素はdブロック元素で，遷移元素と呼ばれる。周期表の第3族から12族である。ただし，第12族を遷移元素に含めない分類もある。

　f軌道が満たされていく元素はfブロック元素で，遷移元素に分類される。dブロック元素とfブロック元素を区別するため，dブロック元素を主遷移元素，fブロック元素を内部遷移元素という。内部遷移元素には2系統があり，4f軌道に電子が入っていくものをランタノイド，5f軌道に電子が入っていくものをアクチノイドと呼ぶ。ランタノイドとアクチノイドは周期表の欄外に書かれる。

　水素とヘリウムはp軌道の電子を持たないので，そのほかの元素とはかなり異なっている。とくに水素は他の第1族元素とは全く異なっている。そのため水素を別の族として扱う場合もある。

　しかし周期表は元素の性質に基づいて分類する上で非常に有用である。各族の性質を学べば，ある元素の性質を推定することができる。

　元素は金属元素と非金属元素に大別される。周期表では，1族から12族までは金属元

素である。13族以降は非金属元素が多い。金属と非金属の境界部分は，金属と非金属の中間的性質を示す半金属がある。半金属の性質を示す元素は，ホウ素，ケイ素，ゲルマニウム，ヒ素，セレン，アンチモン，ビスマスなどである。

2-6 原子半径

原子の大きさは，電子密度が最大になる距離として考えることができる。図2-7は，第2, 3, 4周期の原子について，属番号順に原子半径を示した図である。

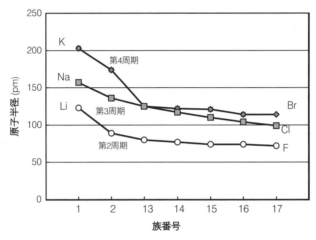

図2-7 第2, 3, 4周期の原子半径の変化

原子の大きさは周期表のある周期について，左から右にいくにしたがって減少する。たとえばリチウムからベリリウムに移ると原子核の電荷は1つだけ増加するので，すべての軌道電子は原子核により強くひっぱられる。同じ周期ではアルカリ金属が一番大きく，ハロゲンが一番小さい。遷移元素では，原子番号が増加すると原子半径ははっきりと減少する。また，リチウム，ナトリウム，カルシウム，ルビジウム，セシウムと1つの族について周期表の上から下にいくと，原子の大きさは外殻電子が加わる効果で増大する。

原子の大きさを有効核電荷により説明することができる。原子中に電子が多数あると，ある電子に働く核の電荷はその他の電子が核電荷を遮蔽するため小さくなる。ある電子に働く正味の核電荷を有効核電荷という。遮蔽の程度は，電子の空間分布により決まってくる。つまり主量子数が小さい内殻の軌道は，主量子数の大きい外殻軌道の電子をよく遮蔽する。また主量子数が同じ場合は，方位量子数の小さい軌道の方が，より遮蔽効果が大きい。

金属元素は金属結合をするので，その原始半径を金属結半径といい，非金属元素は，共有結合をするため，その原子半径を共有結合半径という。

表2-3 原子の電子配置表

周期	原子番号	記号	name	名称	K殻 1s	L殻 2s	L殻 2p	M殻 3s	M殻 3p	M殻 3d
1	1	H	Hydrogen	水素	1					
	2	He	Helium	ヘリウム	2					
2	3	Li	Lithium	リチウム	2	1				
	4	Be	Beryllium	ベリリウム	2	2				
	5	B	Boron	ホウ素	2	2	1			
	6	C	Carbon	炭素	2	2	2			
3	7	N	Nitrogen	窒素	2	2	3			
	8	O	Oxygen	酸素	2	2	4			
	9	F	Fluorine	フッ素	2	2	5			
	10	Ne	Neon	ネオン	2	2	6			
4	11	Na	Sodium	ナトリウム	2	2	6	1		
	12	Mg	Magnesium	マグネシウム	2	2	6	2		
	13	Al	Aluminium	アルミニウム	2	2	6	2	1	
	14	Si	Silicon	ケイ素	2	2	6	2	2	
	15	P	Phosphorus	リン	2	2	6	2	3	
	16	S	Sulfu	硫黄	2	2	6	2	4	
	17	Cl	Chlorine	塩素	2	2	6	2	5	
	18	Ar	Argon	アルゴン	2	2	6	2	6	
5	19	K	Potassium	カリウム	2	2	6	2	6	
	20	Ca	Calcium	カルシウム	2	2	6	2	6	
	21	Sc	Scandium	スカンジウム	2	2	6	2	6	1
	22	Ti	Titanium	チタン	2	2	6	2	6	2
	23	V	Vanadium	バナジウム	2	2	6	2	6	3
	24	Cr	Chromium	クロム	2	2	6	2	6	5
	25	Mn	Manganese	マンガン	2	2	6	2	6	5
	26	Fe	Iron	鉄	2	2	6	2	6	6
	27	Co	Cobalt	コバルト	2	2	6	2	6	7
	28	Ni	Nickel	ニッケル	2	2	6	2	6	8
	29	Cu	Copper	銅	2	2	6	2	6	10
	30	Zn	Zinc	亜鉛	2	2	6	2	6	10
	31	Ga	Gallium	ガリウム	2	2	6	2	6	10
	32	Ge	Germanium	ゲルマニウム	2	2	6	2	6	10
	33	As	Arsenic	ヒ素	2	2	6	2	6	10
	34	Se	Selenium	セレン	2	2	6	2	6	10
	35	Br	Bromine	臭素	2	2	6	2	6	10
	36	Kr	Krypton	クリプトン	2	2	6	2	6	10
6	37	Rb	Rubidium	ルビジウム	2	2	6	2	6	10
	38	Sr	Strontium	ストロンチウム	2	2	6	2	6	10
	39	Y	Yttrium	イットリウム	2	2	6	2	6	10
	40	Zr	Zirconium	ジルコニウム	2	2	6	2	6	10
	41	Nb	Niobium	ニオブ	2	2	6	2	6	10
	42	Mo	Molybdenum	モリブデン	2	2	6	2	6	10
	43	Tc	Technetium	テクネチウム	2	2	6	2	6	10
	44	Ru	Ruthenium	ルテニウム	2	2	6	2	6	10
	45	Rh	Rhodium	ロジウム	2	2	6	2	6	10
	46	Pd	Palladium	パラジウム	2	2	6	2	6	10
	47	Ag	Silver	銀	2	2	6	2	6	10
	48	Cd	Cadmium	カドミウム	2	2	6	2	6	10
	49	In	Indium	インジウム	2	2	6	2	6	10
	50	Sn	Tin	スズ	2	2	6	2	6	10
	51	Sb	Antimony	アンチモン	2	2	6	2	6	10
	52	Te	Tellurium	テルル	2	2	6	2	6	10
	53	I	Iodine	ヨウ素	2	2	6	2	6	10
	54	Ke	Xenon	キセノン	2	2	6	2	6	10

第 2 章　原子モデルと周期表

	N殻				O殻				P殻				Q殻			
4s	4p	4d	4f	5s	5p	5d	5f	5g	6s	6p	6d	6f	7s	7p	7d	7f
1																
2																
2																
2																
2																
1																
2																
2																
2																
2																
2																
1																
2																
2	1															
2	2															
2	3															
2	4															
2	5															
2	6															
2	6			1												
2	6			2												
2	6	1		2												
2	6	2		2												
2	6	4		1												
2	6	4		2												
2	6	5		2												
2	6	6		2												
2	6	7		2												
2	6	10		0												
2	6	10		1												
2	6	10		2												
2	6	10		2	1											
2	6	10		2	2											
2	6	10		2	3											
2	6	10		2	4											
2	6	10		2	5											
2	6	10		2	6											

周期	原子番号	記号	元素 name	名称	K殻 1s	L殻 2s	L殻 2p	M殻 3s	M殻 3p	M殻 3d
7	55	Cs	Caesium	セシウム	2	2	6	2	6	10
	56	Ba	Barium	バリウム	2	2	6	2	6	10
	57	La	Lanthanum	ランタン	2	2	6	2	6	10
	58	Ce	Cerium	セリウム	2	2	6	2	6	10
	59	Pr	Praseodymium	プラセオジム	2	2	6	2	6	10
	60	Nd	Neodymium	ネオジム	2	2	6	2	6	10
	61	Pm	Promethium	プロメチウム	2	2	6	2	6	10
	62	Sm	Samarium	サマリウム	2	2	6	2	6	10
	63	Eu	Europium	ユウロピウム	2	2	6	2	6	10
	64	Gd	Gadolinium	ガドリニウム	2	2	6	2	6	10
	65	Tb	Terbium	テルビウム	2	2	6	2	6	10
	66	Dv	Dysprosium	ジスプロシウム	2	2	6	2	6	10
	67	Ho	Holmium	ホルミウム	2	2	6	2	6	10
	68	Er	Erbium	エルビウム	2	2	6	2	6	10
	69	Tm	Thulium	ツリウム	2	2	6	2	6	10
	70	Yb	Ytterbium	イッテルビウム	2	2	6	2	6	10
	71	Lu	Lutetium	ルテチウム	2	2	6	2	6	10
	72	Hf	Hafnium	ハフニウム	2	2	6	2	6	10
	73	Ta	Tantalum	タンタル	2	2	6	2	6	10
	74	W	Tungsten	タングステン	2	2	6	2	6	10
	75	Re	Rhenium	レニウム	2	2	6	2	6	10
	76	Os	Osmium	オスミウム	2	2	6	2	6	10
	77	Ir	Iridium	イリジウム	2	2	6	2	6	10
	78	Pt	Platinum	白金	2	2	6	2	6	10
	79	Au	Gold	金	2	2	6	2	6	10
	80	Hg	Mercury	水銀	2	2	6	2	6	10
	81	Ti	Thallium	タリウム	2	2	6	2	6	10
	82	Pb	Lead	鉛	2	2	6	2	6	10
	83	Bi	Bismuth	ビスマス	2	2	6	2	6	10
	84	Po	Polonium	ポロニウム	2	2	6	2	6	10
	85	At	Astatine	アスタチン	2	2	6	2	6	10
	86	Rn	Radon	ラドン	2	2	6	2	6	10
8	87	Fr	Francium	フランシウム	2	2	6	2	6	10
	88	Ra	Radium	ラジウム	2	2	6	2	6	10
	89	Ac	Actinium	アクチニウム	2	2	6	2	6	10
	90	Th	Thorium	トリウム	2	2	6	2	6	10
	91	Pa	Protactinium	プロトアクチニウム	2	2	6	2	6	10
	92	U	Uranium	ウラン	2	2	6	2	6	10
	93	Np	Neptunium	ネプツニウム	2	2	6	2	6	10
	94	Pu	Plutonium	プルトニウム	2	2	6	2	6	10
	95	Am	Americium	アメリシウム	2	2	6	2	6	10
	96	Cm	Curium	キュリウム	2	2	6	2	6	10
	97	Bk	Berkelium	バークリウム	2	2	6	2	6	10
	98	Cf	Californium	カリホルニウム	2	2	6	2	6	10
	99	Es	Einsteinium	アインスタイニウム	2	2	6	2	6	10
	100	Fm	Fermium	フェルミウム	2	2	6	2	6	10
	101	Md	Mendelevium	メンデレビウム	2	2	6	2	6	10
	102	No	Nobelium	ノーベリウム	2	2	6	2	6	10
	103	Lr	Lawrencium	ローレンシウム	2	2	6	2	6	10

第2章 原子モデルと周期表

N殻				O殻					P殻				Q殻			
4s	4p	4d	4f	5s	5p	5d	5f	5g	6s	6p	6d	6f	7s	7p	7d	7f
2	6	10		2	6				1							
2	6	10		2	6				2							
2	6	10		2	6	1			2							
2	6	10	2	2	6	0			2							
2	6	10	3	2	6	0			2							
2	6	10	4	2	6	0			2							
2	6	10	5	2	6	0			2							
2	6	10	6	2	6	0			2							
2	6	10	7	2	6	0			2							
2	6	10	7	2	6	1			2							
2	6	10	9	2	6	0			2							
2	6	10	10	2	6	0			2							
2	6	10	11	2	6	0			2							
2	6	10	12	2	6	0			2							
2	6	10	13	2	6	0			2							
2	6	10	14	2	6	0			2							
2	6	10	14	2	6	1			2							
2	6	10	14	2	6	2			2							
2	6	10	14	2	6	3			2							
2	6	10	14	2	6	4			2							
2	6	10	14	2	6	5			2							
2	6	10	14	2	6	6			2							
2	6	10	14	2	6	7			2							
2	6	10	14	2	6	9			1							
2	6	10	14	2	6	10			1							
2	6	10	14	2	6	10			2							
2	6	10	14	2	6	10			2	1						
2	6	10	14	2	6	10			2	2						
2	6	10	14	2	6	10			2	3						
2	6	10	14	2	6	10			2	4						
2	6	10	14	2	6	10			2	5						
2	6	10	14	2	6	10			2	6						
2	6	10	14	2	6	10			2	6			1			
2	6	10	14	2	6	10			2	6			2			
2	6	10	14	2	6	10			2	6	1		2			
2	6	10	14	2	6	10	0		2	6	2		2			
2	6	10	14	2	6	10	2		2	6	1		2			
2	6	10	14	2	6	10	3		2	6	1		2			
2	6	10	14	2	6	10	4		2	6	1		2			
2	6	10	14	2	6	10	6		2	6	0		2			
2	6	10	14	2	6	10	7		2	6	0		2			
2	6	10	14	2	6	10	7		2	6	1		2			
2	6	10	14	2	6	10	9		2	6	0		2			
2	6	10	14	2	6	10	10		2	6	0		2			
2	6	10	14	2	6	10	11		2	6	0		2			
2	6	10	14	2	6	10	12		2	6	0		2			
2	6	10	14	2	6	10	13		2	6	0		2			
2	6	10	14	2	6	10	14		2	6	0		2			
2	6	10	14	2	6	10	14		2	6	1		2			

表 2-4 長周期型周期表

族番号＼周期番号	1	2	3	4	5	6	7	8	9	10	11	12	13	14	15	16	17	18
1	1 H 水素																	2 He ヘリウム
2	3 Li リチウム	4 Be ベリリウム											5 B ホウ素	6 C 炭素	7 N 窒素	8 O 酸素	9 F フッ素	10 Ne ネオン
3	11 Na ナトリウム	12 Mg マグネシウム											13 Al アルミニウム	14 Si ケイ素	15 P リン	16 S 硫黄	17 Cl 塩素	18 Ar アルゴン
4	19 K カリウム	20 Ca カルシウム	21 Sc スカンジウム	22 Ti チタン	23 V バナジウム	24 Cr クロム	25 Mn マンガン	26 Fe 鉄	27 Co コバルト	28 Ni ニッケル	29 Cu 銅	30 Zn 亜鉛	31 Ga ガリウム	32 Ge ゲルマニウム	33 As ヒ素	34 Se セレン	35 Br 臭素	36 Kr クリプトン
5	37 Rb ルビジウム	38 Sr ストロンチウム	39 Y イットリウム	40 Zr ジルコニウム	41 Nb ニオブ	42 Mo モリブデン	43 Tc テクネチウム	44 Ru ルテニウム	45 Rh ロジウム	46 Pd パラジウム	47 Ag 銀	48 Cd カドミウム	49 In インジウム	50 Sn スズ	51 Sb アンチモン	52 Te テルル	53 I ヨウ素	54 Xe キセノン
6	55 Cs セシウム	56 Ba バリウム	L ランタノイド	72 Hf ハフニウム	73 Ta タンタル	74 W タングステン	75 Re レニウム	76 Os オスミウム	77 Ir イリジウム	78 Pt 白金	79 Au 金	80 Hg 水銀	81 Tl タリウム	82 Pb 鉛	83 Bi ビスマス	84 Po ポロニウム	85 At アスタチン	86 Rn ラドン
7	87 Fr フランシウム	88 Ra ラジウム	A アクチノイド	104 Rf ラザホージウム	105 Db ドブニウム	106 Sg シーボーギウム	107 Bh ボーリウム	108 Hs ハッシウム	109 Mt マイトネリウム	110 Ds ダームスタチウム	111 Rg レントゲニウム	112 Cn コペルニシウム	113 Uut ウンウントリウム	114 Fl フレロビウム	115 Uup ウンウンペンチウム	116 Lv リバモリウム	117 Uus ウンウンセプチウム	118 Uuo ウンウンオクチウム
	アルカリ金属	アルカリ土類金属	希土類	チタン族	土酸金属	クロム族	マンガン族	鉄 族 (Fe, Co, Ni) 白金族 (Ru, Rh, Pd, Os, Ir, Pt)			銅族	亜鉛族	アルミニウム族	炭素族	窒素族	酸素族	ハロゲン	希ガス(不活性ガス)
	L ランタノイド		57 La ランタン	58 Ce セリウム	59 Pr プラセオジム	60 Nd ネオジム	61 Pm プロメチウム	62 Sm サマリウム	63 Eu ユーロピウム	64 Gd ガドリニウム	65 Tb テルビウム	66 Dy ジスプロシウム	67 Ho ホルミウム	68 Er エルビウム	69 Tm ツリウム	70 Yb イッテルビウム	71 Lu ルテチウム	
	A アクチノイド		89 Ac アクチニウム	90 Th トリウム	91 Pa プロトアクチニウム	92 U ウラン	93 Np ネプツニウム	94 Pu プルトニウム	95 Am アメリシウム	96 Cm キュリウム	97 Bk バークリウム	98 Cf カリホルニウム	99 Es アインスタイニウム	100 Fm フェルミウム	101 Md メンデレビウム	102 No ノーベリウム	103 Lr ローレンシウム	

下段に、各族の慣用名を記した。　原子番号 104-118：超ウラン元素

1　原子番号
H　元素記号
水素　元素名

例題2－5

以下の元素を原子半径の小さい順に並べよ。

(1) Li, B, F, Na
(2) Cs, Cl, I, Rb,
(3) P, As, Sb, N

解

(1) F, B, Li, Na
(2) Cl, I, Rb, Cs
(3) N, P, Sb, As

章末問題

1 主量子数が4である軌道はいくつあるか，量子数の組み合わせから考えよ。

2 以下の原子，またはイオンの電子配置を例にしたがって書き，不対電子の数を示せ。なお，参考のため原子番号を付してある。

例) $_{12}$C の電子配置：$1s^2 2s^2 2p^2$

(1) $_{26}$Fe　　(2) $_{26}$Fe^{2+}　　(3) $_{62}$Sm

3 次の1)〜5)の原子やイオンの基底状態の電子配置を例にならって答えよ。

例) C の電子配置：$[He]2s^2 2p^2$

1) Cl　2) Al　3) K$^+$　4) P^{3+}　5) O^{2-}

(金沢大学物質化学類編入試問題　平成24年)

4 16族元素 O, S, Se, Te について共有結合半径が大きい順に並べ，その理由を説明せよ。

(名古屋工業大学大学院入試問題　平成24年)

第3章 化学結合 Chemical bond

物質は原子が化学的に結合して形成される。結合の仕方にはいくつかの種類があり，ここでは原子がイオン状態となって結合しているイオン結合と，原子同士が共有し合う共有結合について主に説明する。

3−1　イオン結合

3−1−1　陽イオンとイオン化エネルギー

塩化ナトリウムのように，陽イオン Na^+ と陰イオン Cl^- がクーロン力で結びついている結合がイオン結合（ionic bond）である。ここでは，Na^+ のような陽イオンの生成について述べる。また，次節では，Cl^- のような陰イオンの生成について述べる。

原子から電子を取り去ると，正の電荷をもった粒子，陽イオンが生成する。その過程を示すと以下のようになる。M が原子，M^+ が電子1個を取り去った陽イオンである。

$$M \longrightarrow M^+ + e^-$$

このとき取り去られる電子は，最も取り出しやすい電子すなわち核から最も遠い電子である，最外殻電子である。陽イオンは自然には生成しない。外部からエネルギーを与える必要がある。陽イオンを生成させるのに必要なエネルギーをイオン化エネルギーという。単位はエレクトロンボルト（eV）を使う。

最初に取り出す電子に対するイオン化エネルギーを第1イオン化エネルギーといい，記号 I_1 で表わす。2番目に取り出す電子に対するイオン化エネルギーが第2イオン化エネルギー，I_2 である。原子から電子を2個取り去る反応に必要なエネルギーは I_1+I_2 で与えられる。イオン化エネルギーには，$I_1<I_2<I_3<\cdots$ のような関係がある。このため2価以上の陽イオンをつくるのには大きなエネルギーが必要である。したがって価数の大きいイオンは少ない。

第1イオン化エネルギーを原子番号順に並べると，図3−1のようになる。イオン化エネルギーは周期的に変化して，18族元素のところに極大値，1族元素のところに極小値が

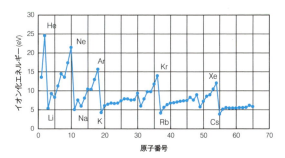

図3-1　第1イオン化エネルギーと原子番号との関係

ある。1族元素の最外殻のs電子に対して，内部の軌道にある電子が核の正電荷を効果的に遮蔽している。すなわち有効核電荷が小さくなっている。そのためs電子は核から遠いところにあり，容易に取り去ることができる。したがってイオン化エネルギーが小さくなる。2族元素でも，最外殻のs電子に対して，同様なことがいえるので，1族元素に次いでイオン化エネルギーが小さい。

18族元素では電子配置が閉殻になっていて，球対称な構造になって安定している。そのため電子を取り去るのに大きいエネルギーが必要なのである。同一周期では，周期表の右にいくほど，イオン化エネルギーは大きくなる傾向がある。同じ族の元素についてみると，原子番号が大きくなるにつれてイオン化エネルギーは小さくなる傾向がある。周期表の下の方に位置する元素ほど電子が取り去られやすい。

2つ以上の価数をとる元素は，その電子配置から説明できる。ガリウム原子の原子配置は $3d^{10}4s^24p^1$ である。最外殻の4p電子が取れて1価のガリウムイオンが生成する。このイオンの電子配置は $3d^{10}4s^2$ となる。このとき，2個の4s電子を不活性電子対という。さらに4s電子が取れると3価のガリウムイオンもできる。1価のガリウムイオンをガリウム（I）イオン，3価のガリウムイオンをガリウム（III）イオンと書く。ガリウムと同じ族のインジウムとタリウムも同様に1価と3価の陽イオンができる。

ゲルマニウム原子の電子配置は $3d^{10}4s^24p^2$ である。したがって，2価と4価の陽イオンができる。同族のスズ，鉛も2価と4価の陽イオンがある。

鉄原子は $3d^64s^2$ の電子配置をもっている。鉄は最外殻の4s電子を2個失い，2価のイオンを生成する。鉄には3価のイオンも存在する。3価のイオンの電子配置は $3d^5$ となる。$3d^5$ は半閉殻の状態であるので，安定化されるのである。

例題 3−1

以下の元素を，第1イオン化エネルギーの小さい順に並べよ。

(1) B, N, He, Li, F
(2) Sr, Mg, Ca, C, Cs
(3) Ba, Ge, P, O, Ca
(4) Br, Cl, Y, Ar, Ne

解

(1) Li＜B＜N＜F＜He
(2) Cs＜Sr＜Ca＜Mg＜C
(3) Ba＜Ca＜Ge＜P＜O
(4) Y＜Br＜Cl＜Ar＜Ne

例題 3−2

(1) Be から B へ，また Mg から Al へ移ると第1イオン化エネルギーが減少する。その理由を説明せよ。
(2) Na と K および Mg と Ca の間では第1イオン化エネルギーが著しく減少する。しかし，Al と Ga の間ではそれが見られない。理由を説明せよ。
(3) 遷移元素の第1イオン化エネルギーがほぼ一定である。理由を説明せよ。

解

(1) Be 原子は $1s^2 2s^2$ の電子配置で，副殻が完全に満たされた状態である。そのため，電子の空間分布が球対称になり，安定度が大きい。したがって，電子を奪ってイオンを作るのには，その分大きなエネルギーが必要になる。球対称でない，B よりも第1イオン化エネルギーが大きくなる。
同様に，Mg 原子の電子配置も $1s^2 2s^2 2p^6 3s^2$ と，副殻が完全に満たされている。したがって電子の空間分布が球対称になり，そうでない Al よりも大きい第1イオン化エネルギーをもつ。

(2) Na と K および Mg と Ca の間では，内殻の p 電子が強い遮蔽効果を示し，核電荷を弱めるが，Al と Ga の間では，内殻に遮蔽効果の弱い d 電子が存在するため，核電荷の遮蔽が小さく，第1イオン化エネルギーの減少は少ない。

(3) 遷移元素は原子番号の増加とともに，最外殻電子は変わらず，内殻の d 電

子が増える。核電荷の増加を内殻のd電子が遮蔽するので，ちょうど釣り合い，イオン化エネルギーは変化しない。

3-1-2 陰イオンと電子親和力

原子に電子が付加されると，陰イオンが生成する。原子をXとすると，生成反応は次のように書かれる。

$$X + e^- \longrightarrow X^-$$

この反応により放出されるエネルギーを電子親和力といい，記号 E_A で表す。単位はエレクトロンボルト（eV）である。電子親和力の符号は，外部への放出を正，外部からの吸収を負と約束する。これは，他の反応のエネルギーと符号が反対であり，注意が必要である。図3-2に原子番号1から20までの電子親和力の値を示した。

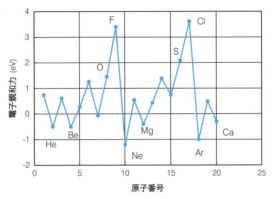

図3-2 電子親和力と原子番号の関係

多くの原子で，電子親和力は正の値をとる。17族元素（ハロゲン）の原子は大きな電子親和力をもっている。これはハロゲン原子が電子1個を取り込むことで，電子配置が閉殻となり，安定化するからである。電子を2個取り込む場合は，1個の付加で生成した1価の陰イオンが負の電荷をもつので，次の電子との間で大きな反発力が発生する。そのため，2個目の電子の付加に対する電子親和力は負になる。したがって，2価の陰イオンは外部からエネルギーが必要で，生成しにくい。表の値は，電子1個を付加する場合の電子親和力である。17族のつぎに大きな値をもつのは，16族元素である。2族と15族を除けば，一般的に周期表の右にいくに従い電子親和力は増加している。

3-1-3 電気陰性度とイオン結合性

原子が他の原子と結合しているとき，その原子が自分の方に電子を引き寄せる強さを，

電気陰性度という。一般的に小さな原子は大きな原子より電子を引きつけやすく，電気陰性度が大きい。電気陰性度が大きい原子ほど陰イオンになりやすく，反対に小さい原子は陽イオンになりやすい。

陰イオンのなりやすさは，電子親和力で決まり，陽イオンのなりやすさは，イオン化エネルギーで決まる。陽イオンになる原子は電子親和力とイオン化エネルギーがともに小さく，陰イオンになる原子は電子親和力とイオン化エネルギーがともに大きい。したがって，電気陰性度は電子親和力とイオン化エネルギーを合わせた尺度である。マリケンは原子の第1イオン化エネルギー I_1 と電子親和力 E_A の和を2で割ったものを電気陰性度とした。

$$\chi = \frac{1}{2}(I_1 + E_A)$$

電気陰性度を χ で表わし，単位は eV である。

一方，電気陰性度を最初に提案したポーリング（Pauling）は，分子の結合解離エネルギーから電気陰性度を導いた。A原子とB原子の電気陰性度の差（$\chi_A - \chi_B$）は，分子 A−B の結合解離エネルギー（E_{AB}）と分子 A−A の結合解離エネルギー（E_{AA}）および分子 B−B の結合解離エネルギー（E_{BB}）から，以下のように求められる。

$$\chi_A - \chi_B = \sqrt{E_{AB} - \sqrt{E_{AA} \cdot E_{BB}}}$$

そして，最も大きな値をもつフッ素原子の電気陰性度を $\chi_F = 4.0$ として，他の原子を相対的に求めている。マリケンの値を2.8で割ると，ポーリングの導いた値とほぼ等しくなり，同等に利用することができる。図3−3は，原子番号順に，ポーリングの電気陰性度を示したものである。

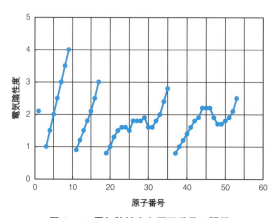

図3−3　電気陰性度と原子番号の関係

一般に電気陰性度は周期表の左から右に進むにしたがって増加する。同じ族では周期表の下にいくほど減少する。ただし，13族，14族，15族では一部に例外が見られる。

結合をつくる2個の原子の電気陰性度の差が大きいと，電子は電気陰性度の大きい原子に引きつけられ，その原子は陰イオンとなる。もう一方の原子は原子を引きぬかれ，陽イオンとなる。すなわち2個の原子は，陰イオンと陽イオンの結合すなわちイオン結合となる。しかし電気陰性度の値が等しい場合は，イオンができず，その結合は次の節で説明する共有結合となる。そして，その中間の場合，すなわち電気陰性度の差が小さい場合は，その結合は一部がイオン結合性で一部が共有結合性となる。電気陰性度の差が1.7の時，その結合は，50％イオン結合で，50％共有結合となる。イオン結合の割合と電気陰性度の差の関係を図3-4に示した。

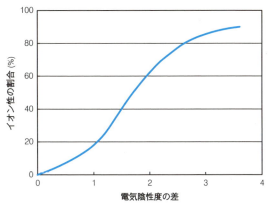

図3-4　電気陰性度の差と結合のイオン性

例題3-3

次の原子を電気陰性度の大きい順に並べよ。

(1)　F, I, Cl
(2)　Li, Rb, B
(3)　Sr, Cs, N

解

(1)　F＞Cl＞I
(2)　B＞Li＞Rb
(3)　N＞Sr＞Cs

> **例題 3－4**
> 次の化合物の中から結合がイオン結合性 50％以上のものを選べ。
>
> HCl　CsCl　CsF　NH₃　GeCl₄
>
> ただし電気陰性度の値は，次の値を使うこと。
>
> H ＝ 2.2　Cl ＝ 2.83　Cs ＝ 0.86　F ＝ 4.1　Ge ＝ 2.0　N ＝ 3.1

解

HCl, |2.2−2.83| ＝ 0.63　　0.63＜1.7 なので，イオン結合性 50％以下
CsCl, |0.88−2.83| ＝ 1.95　　1.93＞1.7 なので，イオン結合性 50％以上
CsF, |0.88−4.1| ＝ 3.22　　3.22＞1.7 なので，イオン結合性 50％以上
NH₃, |3.1−2.2| ＝ 0.9　　0.9＜1.7 なので，イオン結合性 50％以下
GeCl₄, |2.0−2.83| ＝ 0.83　　0.83＜1.7 なので，イオン結合性 50％以下

3－1－4　イオン半径

　塩化ナトリウムの結晶は，Na^+イオンとCl^-イオンが規則的に配列している。この結晶を加圧してもほとんど圧縮されないので，イオンは硬い粒子と考えられる。また，イオンの電子は核の周りを球対称に分布している。したがってイオンは硬い球とみなすことができる。陽イオンと陰イオンをある距離まで近づけると，それぞれのイオンの最外殻電子がたがいに反発して，それ以上は近づけない。そのため陽イオンと陰イオンはそれぞれ固有の半径をもった球のように振る舞うのである。この球の半径をイオン半径（ionic radius）という。陽イオンと陰イオンが接しているときこれらの原子間距離は両者のイオン半径の和となる。

　酸素はほとんどの元素と結合して酸化物をつくる。酸化物の原子間距離を正確に測定して，酸素のイオン O^{2-} にある半径を与えれば，酸化物をつくる相手のイオンの半径を求めることができる。酸素のイオン O^{2-} の半径は 140pm と仮定されている。ただし，イオン半径は，配位数により多少変化する。配位数とは，あるイオンに隣接する異符号のイオンの数である。一般的に，配位数が 6 である結晶が多い。図 3－5 にイオン半径を原子番号順に示した。配位数が 6 であるときの値である。

　イオン半径には次のような関係がある。原則として配位数が同じ場合の関係である。

(1) 同族で，同じ価数のイオンでは，原子番号が大きいほど半径は大きくなる。
　　アルカリ金属では
　　$Li^+ < Na^+ < K^+ < Rb^+ < Cs^+$
　　となり，ハロゲンでは

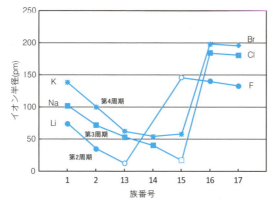

図3-5 イオン半径（配位数6の場合）と原子番号の関係
（白ヌキは，配位数4の場合）

$F^-<Cl^-<Br^-<I^-$

となる。

(2) 同じ周期では，原子番号の増加とともに半径は減少する。

$Na^+>Mg^{2+}>Al^{3+}$

(3) 同じ元素が2種類以上のイオンをつくるとき，イオンの価数が大きいほど半径は小さくなる。

$Mn^{2+}>Mn^{3+}>Mn^{4+}$

(4) ランタノイドの3価陽イオンの半径は，原子番号の増加とともに減少する。普通の元素では，原子番号の増加とともに増加するので，逆の関係である。ランタノイドでは，原子番号の増加とともに，内殻のf軌道に電子が入っていく。内殻の電子が増えても電子雲の広がりが小さく，核電荷の増加とともに電子は原子核に強く引かれ，イオン半径が減少していく。同様なことが原子半径についてもおこる。このような現象をランタノイド収縮（lanthanoid contraction）という。

ランタノイド収縮のために，4族の第5周期元素ジルコニウム Zr^{4+} と第6周期のハフニウム Hf^{4+} のイオン半径がほとんど同じになる。そのためジルコニウムとハフニウムは化学的にきわめて類似している。

例題3-5

次のイオンをイオン半径の大きい順に並べよ。

(1) Se^{2-}, O^{2-}, S^{2-}
(2) Be^{2+}, Sr^{2+}, Cs^+
(3) Zn^{2+}, Ca^{2+}, Br^-

解
(1) $Se^{2-} > S^{2-} > O^{2-}$
(2) $Cs^+ > Sr^{2+} > Be^{2+}$
(3) $Br^- > Ca^{2+} > Zn^{2+}$

3−2 共有結合

3−2−1 古典的な結合理論

水素分子では，2つの水素原子が接近すると，それぞれの 1s 軌道が重なり合い，2つの電子は2つの原子に共有される。このとき電子配置は閉殻となる（図3−6）。

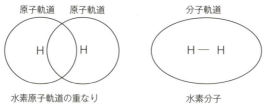

図3−6 水素原子の軌道の重なりによる水素分子の生成

同様にフッ化水素では水素原子の 1s 軌道とフッ素原子の 2p 軌道が重なり合い，それぞれの原子が電子を共有し，閉殻構造となる。このように2つの原子が電子を共有することで生成する結合を共有結合という。

共有結合は次の2つの条件が成り立つときに生成することが多い。
(1) それぞれの原子に不対電子をもった原子軌道がある。
(2) 電子を共有することによって，閉殻が完成する。

酸素分子 O_2 の共有結合は図3−7のように表わすことができる。

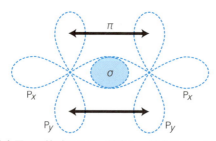

図3−7 2個の酸素原子の接近による σ 結合と π 結合をもった酸素分子 O_2 の生成

2つの原子を結ぶ線を結合軸という。結合軸方向を x 軸とした場合，両方の酸素原子の

$2p_x$ 軌道は大きく重なり合っている。このような結合軸方向の結合を σ 結合という。これに対して，$2p_y$ 軌道のように結合軸から離れたところで重なり合っている結合を π 結合と呼ぶ。水素分子では，両方の水素原子が電子を 1 つずつ出し合い結合をつくっている。すなわち，2 つの水素原子が 1 組の電子対を共有している。このような結合を一重結合，または単結合（single bond）という。一重結合は σ 結合である。一方，酸素分子では，2 組の電子対を共有している。これが二重結合（double bond）である。1 つの σ 結合と 1 つの π 結合からなっている。窒素分子 N_2 は，1 つの σ 結合と 2 つの π 結合で結合している。これが三重結合（triple bond）である。

3－2－2 混成軌道と分子構造

2 フッ化ベリリウム BeF_2 の分子は直線状をしている。この分子の形を，混成という考え方で説明することができる。混成軌道は，いろいろな分子に適用できるため非常に有用であるが，混成軌道をとるかとらないかは，波動方程式を解いてみなければわからない。ただし，波動方程式を正確に解くのは，非常に困難である。

BeF_2 分子では，中心原子であるベリリウムの，1 つの s 軌道と 1 つの p 軌道が合わさり，新しい軌道が形成される。この合わさった軌道を sp 混成軌道という。sp 混成軌道は直線状に広がっている。ベリリウムの sp 混成軌道とフッ素の p 軌道が結合して BeF_2 分子の結合が形成され，直線状の分子となる。これが混成軌道の考え方である。図 3－8 に，BeF_2 分子の Be 原子の電子配置を，そして，図 3－9 に，sp 混成軌道と BeF_2 分子の形を示した。

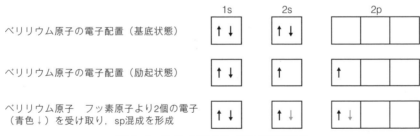

図 3－8　BeF_2 分子の Be 原子の電子配置

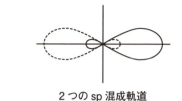

2つのsp混成軌道

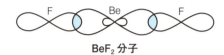

BeF$_2$分子

図3-9　sp混成軌道とBeF$_2$分子の形

　三フッ化ホウ素分子BF$_3$では次のように混成を考えることができる。この分子の中心原子であるホウ素の基底状態での電子配置は1s^{2}2s^{2}2p^{1}である。この状態ではただ1つの共有結合しか形成することができないが，励起状態では図のように3つの不対電子ができ，3つの結合ができる。このとき，最外殻の1つのs軌道と2つのp軌道が合わさり，新しいsp^{2}混成軌道が形成される。sp^{2}混成軌道の形は正三角形である。このsp^{2}混成軌道にフッ素原子が結合すると，三フッ化ホウ素分子は正三角形となる。図3-10には，三フッ化ホウ素分子のホウ素原子の電子配置を，図3-11にはsp^{2}混成軌道と三フッ化ホウ素分子の形を示した。

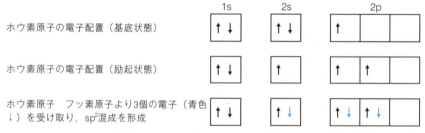

図3-10　BF$_3$分子のB原子の電子配置

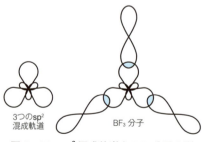

図3-11　sp^{2}混成軌道とBF$_3$分子の形

　メタン分子CH$_4$では次のように混成を考える。中心原子の炭素は基底状態では2つの

不対電子をもっている。励起状態になると1つのs電子と3つのp電子ができる。このとき，1つのs軌道と3つのp軌道が混成して，新しいsp^3混成軌道が形成される。sp^3混成軌道は正四面体の形を取っている。ここに水素原子が結合すると，メタンは正四面体分子となる。図3-12には，メタンの炭素原子の電子配置を，図3-13にはsp^3混成軌道と分子の形を示した。

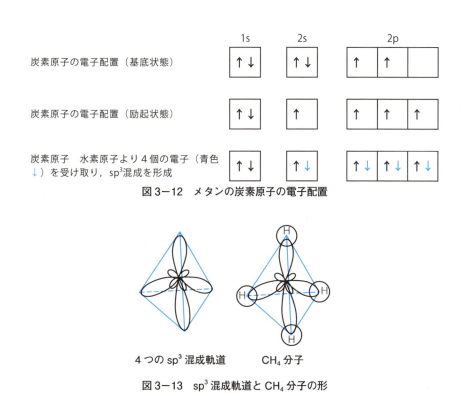

図3-13　sp^3混成軌道とCH_4分子の形

アンモニア分子NH_3では次のように混成を考えると構造が理解できる。中心原子の窒素は基底状態で3つの不対電子をもっている。この状態で，1個のs軌道と3個のp軌道が混成してsp^3混成軌道が形成される。このうち3個が水素と結合するが，残りの軌道は結合には関与せず，窒素の電子対が含まれる。この電子対を孤立電子対という。電子配置を以下に示した。

図3-14　アンモニアの窒素原子の電子配置

アンモニア分子の形は，ピラミッド型または，1個の孤立電子対を含む四面体である。孤立電子対は，水素と結合している3個の結合電子対と強く反発する。したがって，結合角∠HNHは106°45'となり，正四面体よりせまくなり，縦長の四面体となる。図にその形を示した。

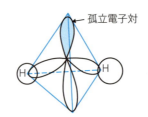

図3-15 アンモニア分子の形

5塩化リン分子では次のように混成を考える。中心元素のリンは基底状態で3個の不対電子をもつ。5つの塩素と結合するためには，3s電子が励起して，3d軌道に移る必要がある。ここで，1個のs軌道と3個のp軌道と1個のd軌道が混成して，sp^3d混成軌道が形成される。この混成軌道は三角両すい型構造をとる。電子配置を図3-16に示した。また，5塩化リン分子の形を図3-17に示した。その他に，平面正方形のdsp^2混成，正八面体形のd^2sp^3混成やsp^3d^2混成などが知られている。

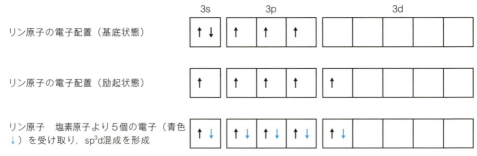

図3-16 五塩化リンの電子配置

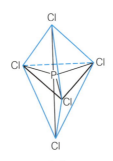

図3-17 五塩化リン分子の形

例題 3−6

次の分子の形を混成軌道の考えにより推定せよ。

(1) $BeCl_2$
(2) BCl_3
(3) $SiCl_4$

解

(1)

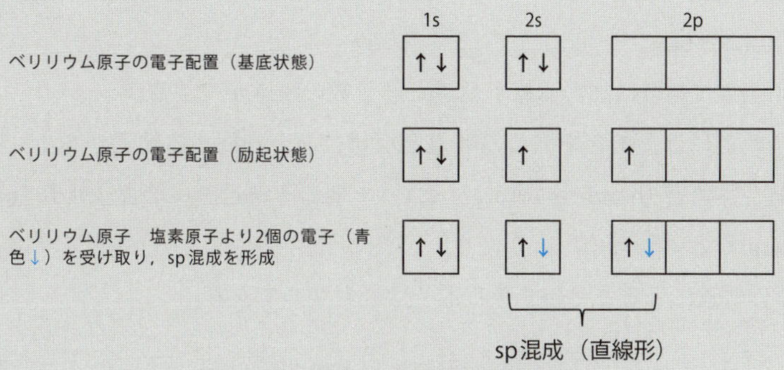

	1s	2s	2p
ベリリウム原子の電子配置（基底状態）	↑↓	↑↓	□ □ □
ベリリウム原子の電子配置（励起状態）	↑↓	↑	↑ □ □
ベリリウム原子 塩素原子より2個の電子（青色↓）を受け取り，sp混成を形成	↑↓	↑↓	↑↓ □

sp混成（直線形）

図3−18 $BeCl_2$ 分子の電子配置と形

(2)

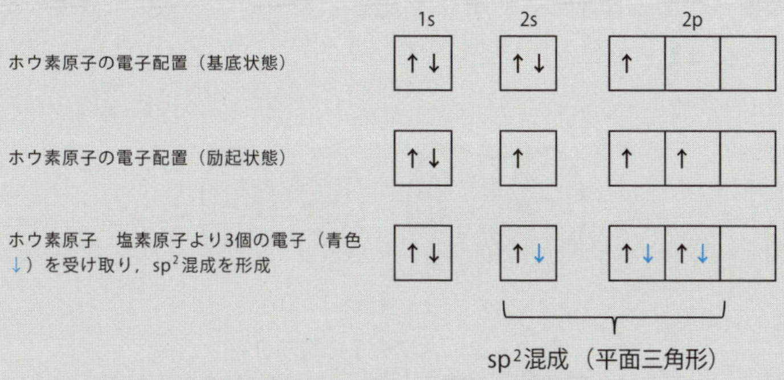

	1s	2s	2p
ホウ素原子の電子配置（基底状態）	↑↓	↑↓	↑ □ □
ホウ素原子の電子配置（励起状態）	↑↓	↑	↑ ↑ □
ホウ素原子 塩素原子より3個の電子（青色↓）を受け取り，sp²混成を形成	↑↓	↑↓	↑↓ ↑↓ □

sp²混成（平面三角形）

図3−19 BCl_3 分子の電子配置と形

(3)

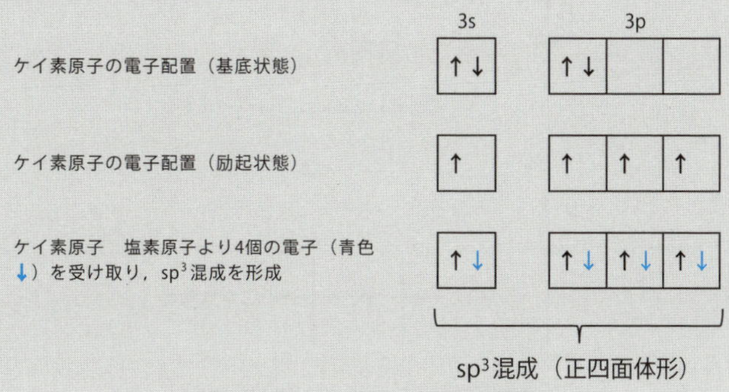

	3s	3p
ケイ素原子の電子配置（基底状態）	↑↓	↑↓ □ □
ケイ素原子の電子配置（励起状態）	↑	↑ ↑ ↑
ケイ素原子 塩素原子より4個の電子（青色↓）を受け取り，sp³混成を形成	↑↓	↑↓ ↑↓ ↑↓

sp³混成（正四面体形）

図3−20 $SiCl_4$ 分子の電子配置と形

3-2-3 分子軌道法

原子中の電子に対して原子軌道があるように，分子中の電子にも同様な軌道を考えることができる。この軌道を分子軌道（molecular orbital）という。そしてその理論を分子軌道法（molecular orbital method）という。

水素分子は2つの水素原子が結合している。そこで，2つの水素原子軌道が合わさって新しい分子軌道が2つつくられる。1つはエネルギー順位の低い軌道，もう1つはエネルギー順位の高い軌道である。水素分子の2つの電子はエネルギー順位の低い軌道に入る。結合に含まれる電子は2つなので，この結合は単結合である。分子軌道の特徴をまとめると以下のようになる。

(1) 分子軌道は結合に加わる原子軌道と同じ数の軌道ができる。
(2) 分子軌道には，結合を強める軌道と反対に結合を弱める軌道がある。強める軌道を結合性軌道（bonding orbital）といい，弱める軌道を反結合性軌道（antibonding orbital）という。
(3) 1つの軌道に入ることのできる電子は最大2つである。

水素分子の結合は，水素原子の1s軌道同士からつくられたσ結合なので，結合性軌道をσ1s軌道と書き，反結合性軌道をσ*1s軌道と表わす。図3-21にはその電子分布の様子を，図3-22には電子配置を示した。

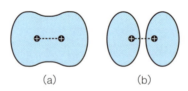

図3-21 水素分子の電子分布
(a) 結合性軌道のσ 1s 軌道，(b) 反結合性軌道のσ*1s 軌道

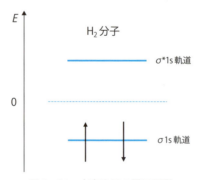

図3-22 水素分子の電子配置

図3-23にはヘリウム分子He_2の分子軌道のエネルギー順位を示した。He_2分子に含まれる4つの電子は結合性軌道に2つ入るが，もう2つの電子は結合を弱める軌道に入ってしまう。そのため，He_2分子は極めて不安定で実際には存在しない。存在するとすればこの分子は二重結合になる。He_2分子から電子を1つ取り除いたHe_2^+イオンは存在して，その分子軌道のエネルギー順位も図3-23に示した。結合に関与する電子は3つあるので，この結合は1.5重結合となる。原子間に存在する共有結合の数を結合次数（bond order）という。このように分子軌道法では，古典的理論では説明できない，1個または3個の電子が含まれる分子の結合次数を説明できるのである。分子軌道法による結合次数は，結合性軌道中の電子数N（結合性）から反結合性軌道中の電子数N（反結合性）を引いた値を2で割ったものになる。

　　結合次数　＝　1/2(N(結合性) − N(反結合性))

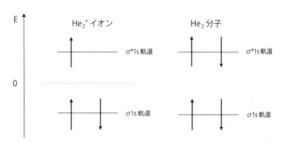

図3-23　ヘリウムイオンとヘリウム分子の電子配置

次に，O_2分子の分子軌道のエネルギー順位図を示すと，図3-24のようになる。2つのO原子の電子配置$1s^2 2s^2 2p^4$からO_2分子軌道がつくられる。2つの1s軌道からσ1s軌道とσ*1s軌道ができ，2つの2s軌道からσ2s軌道とσ*2s軌道ができる。また，6つの2p軌道のうち，2つの$2p_x$からは，$σ2p_x$と$σ*2p_x$軌道が，2つの$2p_y$からは，$π2p_y$と$π*2p_y$軌道が，そして，2つの$2p_z$からは，$π2p_z$と$π*2p_z$軌道ができる。2つのO原子に含まれていた，18個の電子は，パウリの原理，およびフントの規則にしたがって，図3-24のように入っていく。

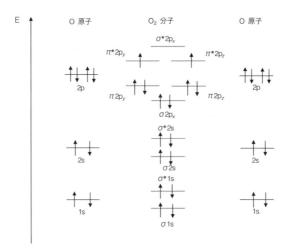

図 3−24　酸素分子の分子軌道のエネルギー準位

また，異核二原子分子についても，同様に分子軌道がつくられる。たとえば，フッ化水素 HF では，水素の 1s 軌道とフッ素の 2p 軌道から，図 3−25 のような分子軌道がつくられる。HF の σ 軌道にはいっている 2 電子は，F 原子の $2p_x$ 軌道にエネルギー順位が近いため，H 原子よりも F 原子の近くに存在することになる。これは，電気陰性度の値が，水素よりフッ素の方が大きいことに対応し，H−F 結合がイオン性になることを説明している。

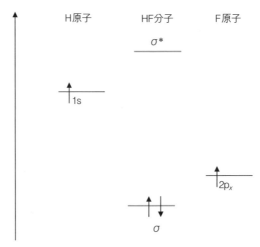

図 3−25　フッ化水素分子の分子軌道

例題3-7

Li分子イオン Li_2^+ の結合次数はいくつか。分子軌道法から説明せよ。

解

図のようなエネルギー順位図が書ける。したがって，結合次数は

$1/2 \times (3-2) = 0.5$

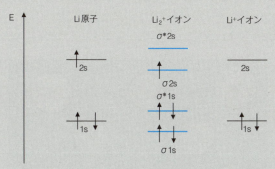

図3-26 Li_2^+ イオンの分子軌道のエネルギー準位

例題3-8

酸素分子イオン O_2^+ の結合次数はいくつか。分子軌道法から説明せよ。

解

図のようなエネルギー順位図が書ける。したがって，結合次数は

$1/2 \times (10-5) = 2.5$

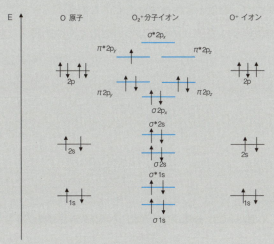

図3-27 酸素分子イオン

3-3 その他の結合

3-3-1 金属結合

金属の結合は，図3-28のようなモデルで考えるとわかりやすい。この図は鉄の結合を表している。白丸は規則正しく格子点に並んだ鉄の陽イオンである。鉄原子から放出された電子は広い範囲に拡がり，鉄イオンの間を電子の海で満たしている。このため金属の結晶は全体としてみれば電気的に中性である。このモデルにより，金属の電気伝導性や，機械的性質（曲げたり伸ばしたりできる）を説明できる。このモデルは電子の海モデルと呼ばれる。

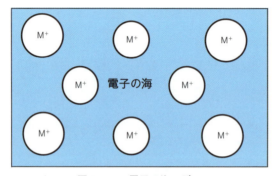

図3-28 電子の海モデル

より詳細に金属の結合を理解するためには，バンド理論が用いられている。多数の原子が結合した金属の結晶は，多数の原子からなり巨大分子と考えられる。したがって，金属はエネルギー順位のほぼ等しい多数の分子軌道をもつことになる。すると，多数の軌道がつながって，帯のようにみえる。このように1つにかたまった分子軌道の集団をバンド（band）という。そして，エネルギーの連続している領域をエネルギーバンドという。エネルギーバンドの形成の様子を，リチウムについて示したのが図3-29である。

図3-29 金属（リチウム）のバンド形成の模式図

このエネルギーバンドの模式図の中で，電子が存在することのできるエネルギーバンド

を許容帯, 電子が存在できないエネルギー領域を禁制帯という。

　ナトリウムのエネルギーバンドを考えてみよう。ナトリウム原子の多数の3p軌道と多数の3s軌道が重なり合って, エネルギーバンドができる。そのエネルギーバンドに入るのは, ナトリウム原子のもつ11個の電子のうち3s電子1つだけであり, その他10個の電子はネオン核をつくり安定化している。したがって, ナトリウムのエネルギーバンドは一部が電子で満たされ, 大部分が空いている。そのため, 空いている部分をつかって電子が金属固体の中を自由に移動できるのである。これが, 金属の中を電気が自由に流れる理由である。

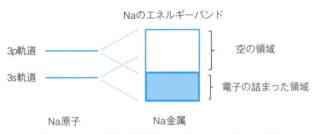

図3−30　Na原子の軌道と金属のNaのバンド構造

　それに対して金属でない固体は, エネルギーバンドが完全に電子で満たされているため, 電子が移動できず, 電気が流れない。電気が流れない固体を絶縁体（insulator）という。その他に, 金属と絶縁体の中間的性質を示す半導体（semiconductor）については後の章で説明する。

> **例題3−9**
> 以下の用語を用いて, 金属が電気をよく通すことを説明せよ。
> エネルギーバンド　電子　分子軌道　金属　巨大分子
>
> **解**
> 　**金属**の分子軌道は, それぞれのエネルギー差が極めて小さく, 一群にかたまったバンドとなる。このエネルギーの連続領域を**エネルギーバンド**という。このように金属結晶は非常に多数の原子からなる**巨大分子**と考えられる。金属では, **電子**が入っている最上部のバンドには, 空のエネルギー順位が存在するため, その順位を使って電子が自由に移動できる。これが電気をよく通す仕組みである。

3-3-2 水素結合

原子間の結合には，比較的強い結合である，イオン結合，共有結合，金属結合があるが，そのほかに，もっと弱い結合がある。水素結合（hydrogen bond）は，強い結合の10％程度の弱い結合であるが，いくつかの化合物で重要な働きがある。H_2O 水分子には水素結合が顕著に表れる。たとえば，16族元素の水素化物である，水，硫化水素，セレン化水素，テルル化水素の融点と沸点比べてみると，水分子だけが異常に高い融点と沸点（表3-1）をもっていることがわかる。これは，水分子がもつ水素結合により，結合力が大きくなっているためである。

表3-1　16族元素の水素化物の融点と沸点

化合物	融点（℃）	沸点（℃）
H_2O	0	100
H_2S	－85.5	－60.7
H_2Se	－65.7	－41.5
H_2Te	－48	－1.8

水の水素結合は以下のように・・・で示すことができる。

$H_2-O\cdots H-O-H$

水素結合は酸素と水素ばかりでなく，電気的に陰性な元素，たとえばフッ素，窒素，などと水素の間にも生成する。また，氷の結晶中にも水素結合が存在する。そのため構造に隙間が多くなり，比重が低く，氷が水に浮くようになるのである。

また，表では水をのぞくと沸点は分子量の大きいほど高くなっている。これは分子量が大きいほどファンデルワールス力（van der Waals force）と呼ばれる分子間力がより強く働くからである。これも弱い結合の1つである。

例題 3-10

ハロゲン化水素（HF, HCl, HBr, HI）の沸点は塩化水素が最も低く，－85.1℃である。

(1) 沸点が HCl ＜ HBr ＜ HI と分子量の増加につれて増加する理由を説明せよ。

(2) 沸点が HF ＞ HCl と分子量が増加するにもかかわらず減少する理由を説明せよ。

解

(1) 分子間の沸点は，分子間に働く，ファンデルワールス力が大きいほど，高くなる。ファンデルワールス力は，分子のもつ，電子数が多いほど強くなることが知られているため，分子量の増加とともに沸点が増加する。

(2) HF 分子では，分子間に水素結合が存在する。ファンデルワールス力だけの HCl に比べて沸点が大きくなる。

ホウ素と神保石

　ガラスの地球という言葉がよく使われたことがあった。無限で巨大に見える地球が，じつはガラスのように壊れやすく脆い存在であるという意味である。しかし，もはやガラスも壊れやすい物の代名詞ではなくなってきた。熱湯を注いでもヒビが入らないティーポットや，さらにはガスの直火にもかけられるガラスの鍋もつくられている。以前の熱に弱く，割れやすいガラスの常識を破ったこのガラスは，ホウケイ酸ガラスといい，今までのガラスにホウ素を加えたものである。

　ホウ素はあまりなじみのない元素で，地殻中の存在度もかなり低い。原子番号 5 の小さく，軽い元素である。しかし，ホウ素は大変なパワーを秘めている。ガラスを強靭にするだけでなく，鉄にわずか 0.0005％ 入れるだけで超硬度の鋼になる。また，ボランというホウ素化合物は，極めて大きなエネルギーを放出して燃焼するため，ロケット燃料に使われるほどである。

　ところで，ホウ素の鉱物はある特定の場所でのみ産出される。それは温泉地帯である。日本には温泉が多いので，ホウ素鉱物が見つかる可能性が高い。実際，他の国では見られないめずらしい鉱物が発見されている。神保石である。栃木県で発見された紫褐色に輝く鉱物で，鉱物学者，神保小虎氏にちなんで命名されている。岡山県でも，青紫色の非常に美しいホウ素の鉱物が発見されている。逸見石である。

希少価値が高く，とてもきれいな鉱物なので，高額で取引されるという。ひょっとすると，まだ秘境の温泉で新しい鉱物がみつかるかも知れない。

　ホウ素の元素記号は「B」であるが，どうしてどうして，ホウ素は超 A 級の元素ではなかろうか。

章末問題

1
(1) NからOへ，またPからSへ移ると第一イオン化エネルギーが減少する。その理由を説明せよ。

(2) Caの第3イオン化エネルギーおよびSiの第5イオン化エネルギーは急に大きくなる。その理由を説明せよ。

2 Na, Mg, Alの原子の中で第2イオン化エネルギーが最も大きい原子はどれか。また，その理由を述べよ。

3 ある元素の第一イオン化エネルギーは，5.39eV，電子親和力は，0.618eVである。
(1) この元素に対するマリケンの電気陰性度の値はいくらか。
(2) この値をもとに，ポーリングの電気陰性度のおよその値を計算せよ。
(3) この元素がフッ素とつくる結合はイオン結合か，判定せよ。
フッ素の電気陰性度（ポーリング）の値は，3.98である。

4 Li^+, Na^+, K^+イオンについて，イオン半径が大きい順に示し，その理由を記せ。
（名古屋工業大学大学院入試問題　平成26年）

5 Br^-はRb^+およびSr^{2+}と電子数が同じである。（A）これら3種類のイオンについて，イオン半径が大きいものから順に並べよ。（B）また，そのようになる理由を簡潔に記述せよ。
（神戸大学大学院理学研究科化学専攻入試問題　平成23年）

6 以下の分子の形を混成軌道の考えにより推定せよ。
(1) IF_5
(2) H_2O
(3) SF_6

7 Be_2およびNe_2分子は存在しない。その理由を分子軌道法を用いて説明せよ。

第4章　固体化学 Solid-state chemistry

　有用な物質の多くが常温で固体状態にある。本章では，分子と固体状態の違いを化学結合から説明し，電気伝導の違いから，金属，半導体，絶縁体が生じることを学ぶ。さらに，結晶性固体の構造，およびイオン性固体，非結晶性ガラスの生成について述べていく。

4－1　固体中の電子の動き
4－1－1　結晶のバンド構造

　2つの原子により化学結合ができるとき，2つの原子軌道の重なりにより，結合性と反結合性の分子軌道ができる。原子軌道の重なりの程度が大きければ，結合性分子軌道と反結合性軌道のエネルギー差が大きい。このような原子が多数集合すると，元素の価電子数が適当な場合に共有結合性の固体ができる。固体では，結合電子が隣接した2つの原子間だけに局在している二原子分子の状態と異なり，結合対以外の原子からの影響が少しずつあるので，図4-1のように多数の準位に分裂し，ある幅を持つようになる。分裂したエネルギー準位の集合をエネルギーバンドという。n個の原子が集まった固体では，n/2個の準位からなる2つのエネルギーバンドができる。固体は莫大な数の原子を含む集合体で

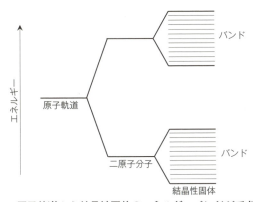

図4－1　原子軌道から結晶性固体のエネルギーバンドができる様子

あるから，このエネルギーバンドはやはり莫大な数の準位を含む。したがって，バンド中の準位の間隔は非常に狭くなり，連続しているとみなせる。

エネルギーバンドのどこまでが電子で占有されるかは，固体をつくる元素によって異なる。結晶半導体としてもっとも広く利用されているシリコン Si は，同族の炭素がつくるダイヤモンドと同じ結晶構造をもつ。それぞれの Si 原子の4個の価電子 $(3s)^2(3p)^2$ が四面体状の sp^3 混成軌道を用いて結合する。結合電子は一対の炭素原子間に局在している。共有結合性固体では，一般に，原子の価電子数と配位数が等しい。n 個の Si 原子からなるシリコンでは，4n 個の sp^3 混成軌道があるので，図4-1の2つのバンドはそれぞれ2n個の準位からできている。1つの軌道には反対スピンをもつ2個の電子がはいるので，絶対零度では下のバンドは全部で 4n 個ある価電子によって完全に満たされ，上のバンドには電子が存在せず空になる。価電子で充満している結合性軌道から形成されたエネルギーバンドを価電子帯（valence band），上の反結合性軌道から形成されたバンドは，伝導帯（conduction band）という。価電子帯と伝導帯の中間は，電子がそのエネルギー状態をとることができない禁制帯（forbidden band）であり，その幅をバンドギャップ E_g という（図4-2）。

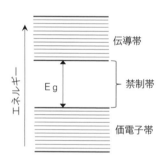

図4-2　半導体および絶縁体のエネルギーバンド

4-1-2　絶縁体，半導体および金属

絶縁体（insulator），半導体（semiconductor）および金属のエネルギーバンドが電子に占められている様子を，図4-3に示す。半導体と絶縁体の場合は，絶対零度では価電子帯の上端まで完全に電子によって占められ，伝導帯は空である。半導体では，バンドギャップがあまり大きくないため（～1eV），室温（$kT \sim 0.025$ eV）では価電子帯の電子の一部は伝導帯に励起され，価電子帯に抜け孔を残す。電子の抜け孔は，電場あるいは磁場のもとでは正の電荷をもつ粒子として振る舞うので，正孔（ホール）と呼ばれる。伝導帯の電子および価電子帯の正孔は，電場が印加されると移動し，電気を運ぶことができる。これらの伝導電子および正孔をキャリアという。

第4章 固体化学

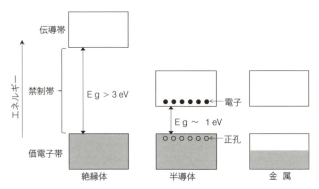

図4-3 絶縁体，半導体，金属のエネルギーバンド図

　バンドギャップが大きい（>3 eV）絶縁体では，室温では熱励起によって生ずるキャリアの数が非常に少ないため，電場を印加しても電流はほとんど流れない。絶縁体と半導体の間には，本質的な差はない。電子は，価電子帯から伝導帯に熱的に励起されて生成する。したがって，熱エネルギーにより生成するキャリア（伝導電子と正孔）の数は，バンドギャップが小さいほど，また温度が高いほど大きくなる。

　金属では，価電子帯の途中まで電子が占められている。部分的にしか満たされていないエネルギーバンド中の電子は，電場によって容易に状態を変化させることができ，電気を運ぶことができる（自由電子）。

例題4-1

(1) 1eVのエネルギーをもつ光の波長を求めよ。

(2) 室温の熱エネルギー kT がほぼ 0.025 eV であることを示せ。

解

(1) $E = h\nu = hc/\lambda [J]$ （λ は光の波長）

1eV は，1V で加速された電子のエネルギーであり，素電荷：1.60×10^{-19} C であるから

$1eV = 1.60 \times 10^{-19} [CV] = 1.60 \times 10^{-19} [CJC^{-1}] = 1.60 \times 10^{-19} [J]$

EeV のエネルギーをもつ光の波長 λ は

$\lambda = 6.62 \times 10^{-34} [Js] \times 3.00 \times 10^{8} [ms^{-1}] / E \times 1.60 \times 10^{-19} [J]$

$= 1.24 \times 10^{-6} / E [m]$

1eV のエネルギーをもつ光の波長 λ は 1.2×10^{-6} m となる。

あるいは，次の換算式がよく使われる。

> 波長 λnm の光のエネルギー，E[eV] = 1240/λ。
>
> (2) 温度 TK の熱エネルギーは，およそ kT。
>   前問より，1eV = 1.60 × 10^{-19}J
>   ボルツマン定数 k：1.38 × 10^{-23}JK^{-1} を使い，T = 298K とすれば
>   1.38 × 10^{-23} × 298/1.60 × 10^{-19} = 2.57 × 10^{-2}[eV]
>   となる。

4−2 結晶構造

4−2−1 単位格子と結晶構造

原子配列の周期性が，結晶を特徴づける。規則的な原子の配列を二次元平面上に描くと図4−4のようになる。このような平面上の点の配列を格子（lattice）という。2つの独立な方向へ一定距離平行移動して不変な点の配列を平面格子，それぞれの点を格子点という。同種の原子を結ぶと平行四辺形（この図では正方形）の格子を形成している。繰り返しの最小単位を単位格子（unit cell）という。図4−4（a）の原子配列であれば，(b) と (c) が単位格子となる。

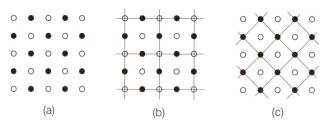

図4−4 規則的な原子配列と単位格子

結晶で見られるような三次元の原子配列によって形成された立体的な格子のことを空間格子といい，平行6面体が単位格子となる。単位格子は原点の1つを含む3本の結晶軸，a，b，cと軸のなす3つの角度 α, β, γ で規定される（図4−5）。平行六面体の各頂点だけに原子が存在する単位格子を，単純単位格子（primitive unit lattice）という。単純単位格子は，7つの結晶系，立方晶系，正方晶系，斜方晶系，六方晶系，三方（菱面体）晶系，単斜晶系，三斜晶系と対応している。各結晶系の単位格子の特徴を表4−1に示す。

三次元のすべての空間格子は，図4−6に描かれた14個の異なる単位格子で表わされる。これをブラベ格子（Bravais lattice）と呼ぶ。たとえば，立方格子には，単純立方，体心立方，面心立方の3種類がある。単純立方では立方体の頂点のみが原子によって占められ，

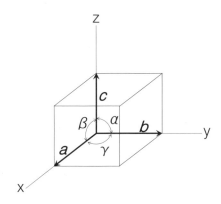

図4-5 単位格子と格子定数

表4-1 結晶系とその特徴

結晶系	格子定数の関係	単位格子を決定する格子定数
三斜晶	$a \neq b \neq c, \alpha \neq \beta \neq \gamma \neq 90°$	$a\ b\ c\ \alpha\ \beta\ \gamma$
単斜晶	$a \neq b \neq c, \alpha = \gamma = 90°\ \beta \neq 90°$	$a\ b\ c\ \beta$
斜方晶	$a \neq b \neq c, \alpha = \beta = \gamma = 90°$	$a\ b\ c$
三方晶 [菱面体晶]	$a = b = c, \alpha = \beta = \gamma \neq 90°$	$a\ \alpha$
正方晶	$a = b \neq c, \alpha = \beta = \gamma = 90°$	$a\ c$
六方晶	$a = b \neq c, \alpha = \beta = 90°\ \gamma = 120°$	$a\ c$
立方晶	$a = b = c, \alpha = \beta = \gamma = 90°$	a

体心立方では立方体の頂点と重心(体心)の位置を原子が占める。面心立方では,頂点と各面の中心に原子が存在する。正方格子や斜方格子にも同じような原子配列の異なる結晶格子が見られる。

水晶や食塩の結晶は規則的な形をしていて,特徴的な面が発達している。この面は結晶中の原子配列を反映している。空間格子で作られる面は格子面とよばれ,結晶構造を考えるときの重要な概念である。

格子面について,直交軸で表される立方晶系を例にとって説明する。図4-7に示すように,座標の原点に立方晶系の空間格子の1つの格子点を選び,a,b,cの3つの直交軸をA,B,C点で切った(A,B,Cを切片とした)ABC面を考える。A,B,Cの逆数をh,k,lとする($1/A = h, 1/B = k, 1/C = l$)。この整数h,k,lをミラー指数(Miller index)と呼び,(h k l)と書いて格子面を表す。たとえば,3つの直交軸をA = 1,B = 1,C = 1の点で切った面は,1/1 = 1,1/1 = 1,1/1 = 1であるので(1 1 1)面という。面が1つの軸に平行であれば,切片は∞であるので,1/∞ = 0となる。たとえば,a,c軸と平行でb軸上のC = 1の点で交われば,その格子面は(0 1 0)面となる。

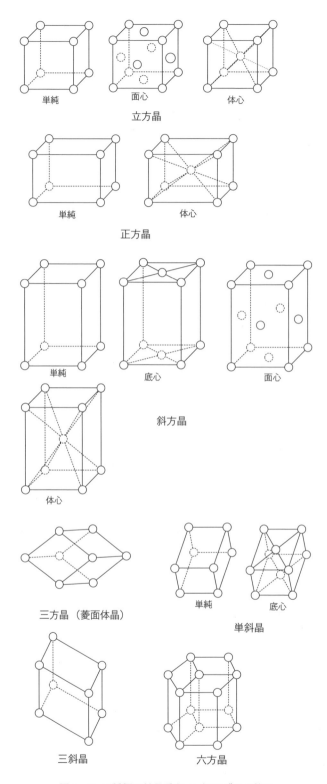

図4-6　7種類の結晶系と14個のブラベ格子

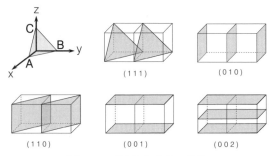

図4-7 結晶面とミラー指数

4-2-2 金属結晶

金属結合は電子が非局在化した結合であるため，その結晶構造は球（原子）をできるだけ密に詰めた構造をとる。これを最密充填構造という。金属単体の結晶構造は，一般に2つのタイプの最密充填構造と，体心立方構造の3つの構造に属する。

最密充填構造は図4-8のように，球の平面最密構造の重ね合わせで考えることができる。平面に球を密に並べる方法は，1つの球の回りに6個の球を配置する並べ方になる。球が3個接触する位置には上下に窪みができる。この窪みの上に平面充填した球が位置して，密な充填ができる。窪みの数は球の数の2倍となり，1つおきの窪みの上に上の層の球が位置する。第二層の窪みに第三層の球が位置すると，三次元的な最密構造ができあがる。第一層の原子の並びの位置をA，第二層の原子の並びの位置をBで表したとき，第二層の窪みの位置はAと一致するものと，A，Bいずれとも該当しないCがある。ABCABC…のように層が重なる場合，面心立方格子（face centered cubic structure）になり，立方最密充填構造（cubic closest packing）とも呼ばれる。それに対して，ABABAB….のように層が重なる場合には，単位格子は六方晶系になり，六方最密充填構造（hexagonal closest packing）と呼ばれる。

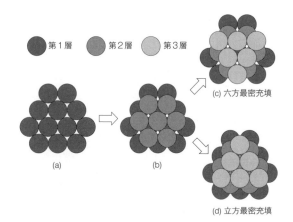

図4-8 2種類の最密充填構造のでき方

ある原子に注目して，その原子に最近接で接触する原子の数を配位数という。最密充填構造では，その原子は平面充填の面内で6個の原子と接触し，上下の層のそれぞれ3個ずつの原子と接触しているため，配位数は12になる。全空間に占める球の体積の割合を空間充填率というが，2つの最密充填構造で，いずれも約0.74となっている。

単純立方格子の立方体の中心にもう1つの球がはいった構造を体心立方構造（body centered cubic structure）と呼ぶ。この構造では，各球に8個の最隣接球があり（すなわち配位数は8），さらにもう6個の球がわずかに離れて隣接している。この構造の空間充填率は約0.68である。

最密充填の場合，層と層の間には6個の八面体状に囲まれた隙間（八面体隙間）と4個の球で四面体状に囲まれた隙間（四面体隙間）ができる（図4-9）。図4-9に示されるように，1個の球の回りに8個の八面体サイトがある。第1層と第2層からできるものが4つ，第2層と第3層からできるものが4つ認められる。4個の球で四面体隙間が1つできるから，球1個あたり8×1/4＝2個の四面体隙間が存在する。また，各球の回りには6つの八面体隙間がある。第1層と第2層からできるものが3個，第2層と第3層からできるものが3個，計6個。6個の球が集まって八面体隙間ができるから，八面体隙間の数は，球1個あたり6×1/6＝1個で，球の数と同じになる。

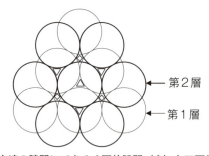

図4-9 最密充填の隙間にできる八面体隙間（◇）と四面体隙間（△と▽）

例題4-2

アルミニウム（Al）は図4-10のように立方晶系の構造である。以下の問いに答えよ。

A→Bがアルミニウム原子の積層方向でその距離は3層分である。

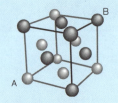

図4-10 アルミニウムの面心立方構造

(1) Alの格子定数が0.405 nmとすると，厚さが100 μmのアルミニウム箔は，原子が何層積み重なったものか。図中，アルミニウムの積層方向は，A→Bである。
(2) この構造からAlの密度を求めよ。

(北海道大学環境科学院環境物質科学入試問題　平成25年度)

解

(1) この構造は面心立方格子である。立方最密充填構造の積層方向A→Bは，面心立方格子の［111］方向で，ＡＢの距離が3層分に相当する。
距離ＡＢは，$\sqrt{3} \times 0.405 = 0.701$［nm］であるので，求める層数は
$$3 \times 100 \times 10^{-6}/0.701 \times 10^{-9} = 4.28 \times 10^5$$
となる。

(2) 面心立方格子の単位格子に含まれるAl原子の数をもとめると
$$1/8 \times 8 + 1/2 \times 6 = 4 \text{［個］}$$
Alの原子量は，27.0であるので，密度は
$$27 \times 4/(6.02 \times 10^{23}) \times (0.405 \times 10^{-7})^3 = 2.7 \text{［g/cm}^3\text{］}$$

4−2−3　イオン結晶の構造

イオン結晶中では，一般に陰イオンは陽イオンよりも大きいので，陰イオンが最密パッキングをして，陽イオンは四面体か八面体の隙間に位置するという構造をとるものが多い。イオン結晶では，次の因子によってその構造が決まる。

(1) 陰イオンと陽イオンは静電引力を最大に，また静電反発力を最小にするように配列する。図4−11の (a) や (b) のように，陽イオンと陰イオンが接触して配置されていると安定であるが，(c) のように，陽イオンと陰イオンが接触しなくなって，陰イオン同士が接触するようになると不安定になる。

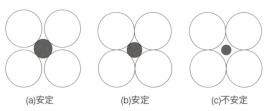

(a)安定　　(b)安定　　(c)不安定

図4−11　イオンの配置と安定性の関係
（○：陰イオン，●：陽イオン）

(2) 陽イオンの回りにはできるだけ陰イオンが，陰イオンの回りにはできるだけ陽イ

オンが配置し，対称性の高い配列をする。その結果，陽イオンを囲む陰イオンの数（配位数）は，(r_c：陽イオン半径)／(r_a：陰イオン半径)で示される比の値によって決まる。

表4-2に，イオン半径比と配位数および結晶構造の関係を示す。イオン結晶の構造を決める因子は金属と比較すると複雑である。実際の物質では，イオン結合性に共有結合性が混じってくると，イオン半径比に基づく理想的配位数よりも低い配位数をとるようになる。

表4-2 イオン半径比と陽イオンの配位数の関係

半径比 (r_c/r_a)	配位数	構 造
0 〜 0.155	2	直線
0.155 〜 0.225	3	三角形
0.225 〜 0.414	4	四面体
0.414 〜 0.732	6	八面体
0.732 〜 1.0	8	立方体
1.0	12	最密充填

例題4-3

アルカリ金属塩化物では，アルカリ金属イオンが6配位と8配位をとる場合がある。どちらの配位をとるかは，アルカリ金属イオンと塩化物イオンの相対的な大きさによって決まる。Na^+とCl^-のイオン半径は，それぞれ，0.102 nm，0.181 nmである。

(1) NaClの結晶では，Na^+が6配位をとる理由を，イオン半径比に基づいて説明せよ。

(2) CsCl結晶中のCs^+は8配位をとっている。このことに基づきCs^+イオン半径は何nmより大きいか推定せよ。

(東京工業大学大学院理工学研究科化学入試問題 平成20年度)

解

(1) NaCl中のイオン半径比は，

(Na^+イオン半径)／(Cl^-のイオン半径) = 0.102/0.181 = 0.55

表4-3を参照すると，6配位の範囲にある。実際，NaClは4.2.5節で説明するように，塩化ナトリウム型構造をとり，その構造中の陽イオンの配位数は6である。

(2) 表4-2により，8配位をとるときのイオン半径比は，

1.000＜（Cs$^+$イオン半径）／（Cl$^-$のイオン半径）＜0.732

したがって，0.133 nm＜（Cs$^+$イオン半径）＜0.181 nmとなり，0.133 nmより大きいと推定できる。実際，Cs$^+$イオン半径は0.167 nmである。

4-2-4　共有結合性結晶の構造

共有結合性を持った固体の構造を，炭素の同素体を例として説明する。炭素の単体としてダイヤモンドとグラファイトが知られている。ダイヤモンドとグラファイトの結晶構造を図4-12に示す。ダイヤモンドでは各炭素原子は sp^3 混成軌道をつくり，混成軌道の性質である正四面体の対称性を保ちながら互いに強固に共有結合により結びついて，等方的な立方晶の結晶を形成する。グラファイトでは炭素は sp^2 混成軌道と1つの π 軌道を形成して他の原子と結合する。この結果，平面の正六角形がつながって無限に広がった二次元構造が形成され，層間は弱いファンデルワールス力によって結びつけられた，異方性の強い構造となる。π 電子は，六角網平面上を自由に運動するため，高い電気伝導性を示す。

さらに，炭素の同位体としてフラーレン C$_{60}$ が知られている。フラーレンは，図4-13

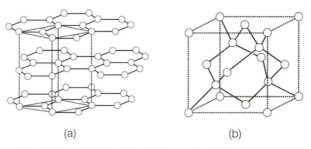

図4-12　(a) グラファイトと (b) ダイヤモンドの結晶構造と単位格子（点線）

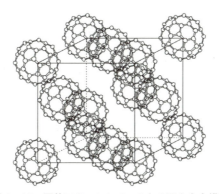

図4-13　固体フラーレン C$_{60}$ のとる面心立方構造

に示されたように，六員環と五員環からなるサッカーボールに似た構造をもっている。フラーレンはほぼ球状の形状をもっているため，固体状態においては立方最密充填構造をとる。

> **例題 4-4**
> 図4-12に示されるように，グラファイトは六方晶系の結晶構造をとる。グラファイトの密度を 2.26 g cm^{-3}，a軸の長さを 0.246 nm とするとき，六角網平面の間隔を求めよ。
>
> （東京大学大学院工学研究科応用化学入試問題の改題　平成24年度）
>
> **解**
> 図4-6，表4-1を参照すると，単位格子の底面は 0.246 nm の辺と角度が $120°$，$60°$ からなる菱形である。単位格子に含まれる炭素数は次のように求められる。単位格子の上面，下面には，それぞれ，$(2 \times 1/12 + 2 \times 1/6 + 1/2) = 1$ 個ずつ，真ん中の面には，$(2 \times 1/6 + 2 \times 1/3 + 1) = 2$ 個の炭素原子が含まれるので，計4個が含まれることになる。従って，c軸の長さは
> $$12.0 \times 4/6.02 \times 10^{23} \times 2 \times 0.246 \times 10^{-7} \times (0.246 \times 10^{-7} \times \sqrt{3/2}/2)/2.26$$
> $$= 0.673 \times 10^{-7} \text{ [cm]} = 0.673 \text{ [nm]}$$
> 面間隔は，その1/2であるから，0.337 nm。

4-2-5　代表的な結晶構造

本節では，代表的な結晶構造の特徴と，その構造を有する物質を示す。

a. ダイヤモンド型構造（図4-12 (b)）

1個の面心立方格子に，その対角線上に，隅より1/4の長さだけ，同じ面心格子を平行移動させた2個の面心格子の集まり。1個のCの回りには，それを重心とする正四面体の頂点に4個のCがとりまいている。ダイヤモンドは，共有結合で結合している巨大分子である。ダイヤモンド型構造をとる物質［Si, Ge, Sn（灰スズ）等］。

b. 塩化ナトリウム型構造（図4-14）

陰イオンがつくる面心立方格子（立方最密充填）のすべての八面体サイトを陽イオンが占める。陽イオンと陰イオンは等価。陽イオンの配位数が6，陰イオンの配位数が6の，6:6配位。この構造をとる物質は多数あげられる。塩化ナトリウム型構造をとる物質［イオン半径の大きな Cs^+ のハロゲン化物を除くすべてのアルカリ金属ハロゲン化物，LiCl,

NaCl, KCl, RbCl 等。アルカリ土類金属酸化物, MgO, CaO, SrO, BaO。+2価の遷移金属の酸化物, MnO, FeO, CoO, NiO, CuO。遷移金属炭化物, 窒化物, TiC, ZrC, HfC, VC, NbC, TaC, UC, TiN, ZrN。その他, α-ZrP 等。]

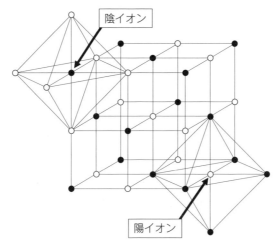

図 4-14　塩化ナトリウム型構造

c. 塩化セシウム型構造（図 4-15）

立方体の 8 個の頂点を陰イオンが占め，体心に大きな陽イオンが入る。陽イオンと陰イオンは等価。8:8配位。塩化セシウム型構造をとる物質［CsCl, CsBr, CsI。正八面体型の B_6 群と陽イオンからなる CaB_6, SrB_6, BaB_6, YB_6, LaB_6。］

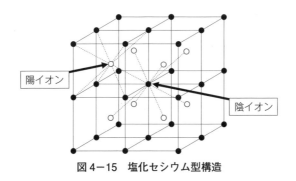

図 4-15　塩化セシウム型構造

d. 閃（セン）亜鉛鉱型構造（図 4-16）

イオウがつくる立方最密充填構造中の四面体位置をとる。亜鉛は利用可能な四面体位置のうち一つおきに半分だけ占める。4:4配位。すべて同一原子であればダイヤモンド構造。閃亜鉛鉱型構造をとる物質［ZnS, CdS, HgS, BeS, MnS, およびこれらの金属のセレナイド, テルライド。CuCl 等。］

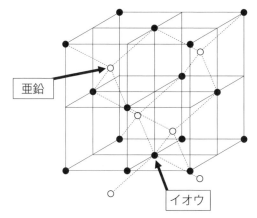

図4−16 閃亜鉛鉱型構造

e. ウルツ鉱型構造（図4−17）

　イオウがつくる六方最密充填構造中の四面体位置の半分を亜鉛が占めている。2種類の原子が対等の位置にある。4：4配位。ウルツ鉱型構造をとる物質［ZnSの高温相，ZnO，BeO，AlN，CdS，CdSe，MnS，MnSe，MgTe等。］

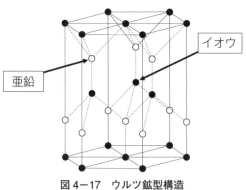

図4−17 ウルツ鉱型構造

f. 蛍（ホタル）石型構造（図4−18）

　フッ素は，カルシウムがつくる面心立方格子中の四面体位置の全部を占めている。カルシウムは，フッ素がつくる単純立方格子の中心にある。塩化セシウム構造と比較するとセシウムの位置の半分をカルシウムが占めている。8：4配位。蛍石型構造をとる物質［CaF_2，SrF_2，BaF_2，$SrCl_2$，CdF_2，HgF_2，β-PbF_2，CeO_2，UO_2等。］

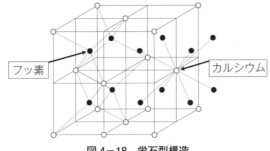

図4-18 蛍石型構造

g. ルチル型構造（図4-19）

正方晶。チタンが直方体の8個の頂点と体心の位置を占める。6個の酸素がチタンに配位して正八面体をつくる。直方体において，4個のチタンがつくる底面には2個の酸素が含まれる。6：3配位。ルチル型構造をとる物質［TiO_2のほか，CrO_2, GeO_2, SnO_2, PbO_2, RuO_2, MgF_2, FeF_2, ZnF_2等。］

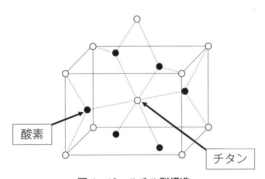

図4-19 ルチル型構造

h. コランダム型構造（図4-20）

酸素がつくる六方最密充構造中の八面体位置にAl^{3+}が入る。酸素の数と八面体位置の数は等しく，Al^{3+}はすべての八面体位置のうち，2/3を占める。酸素は三角プリズムの中

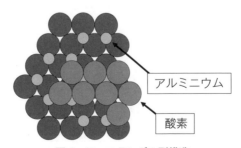

図4-20 コランダム型構造

の4つに位置したアルミニウムを最も近い相手として持つ。6：4配位。コランダム型構造をとる物質［Al_2O_3の他，a-Fe_2O_3，Cr_2O_3，Ti_2O_3，V_2O_3，Ga_2O_3等。］

i. スピネル型構造（図4-21）

　酸素が立方最密充填構造をとり，陽イオンは利用可能な四面体位置の1/8と利用可能な八面体位置の1/2を占めている。AB_2O_4と表記したとき，正スピネル型構造ではA原子が四面体位置を，B原子が八面体位置を占める。逆スピネル型構造では，B原子の半分が四面体位置を占め，A原子とB原子の残りの半分が八面体位置を占める。スピネル型構造をとる物質［$MgAl_2O_4$（スピネル），$MgFe_2O_4$，$ZnAl_2O_4$，$MnAl_2O_4$，$FeFe^{3+}_2O_4$，$MgFe^{3+}_2O_4$，$MnFe^{3+}_2O_4$，$FeCr_2O_4$，$MgCr_2O_4$等。］

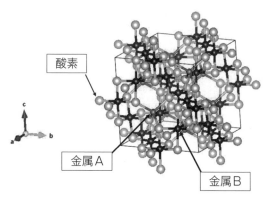

図4-21　スピネル型構造

j. ペロブスカイト型構造（図4-22）

　どちらかの陽イオンが陰イオンと同程度に大きい。陰イオンは，大きな陽イオンカルシウムとともに面心立方格子を組む。カルシウムはそのうちの1/4の位置に規則正しく配列している。小さい陽イオンTi^{4+}は八面体位置の1/4を占めている。酸素イオンは，立方体の頂点と6面の内4面の中心にあり，カルシウムは残りの2面の中心にある。チタン原子

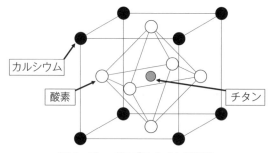

図4-22　ペロブスカイト型構造

は4つの稜の中心を占めていて（残りの8つは空席），それらは八面体位置にあたる。カルシウムは，最密充填格子の一部になっているので，12個の酸素を近くに持っている。ペロブスカイト型構造をとる物質［$CaTiO_3$, $BaTiO_3$, $(Pb, Zr)TiO_3$ 等。］

例題4-5

亜鉛イオン（Zn^{2+}）を含む水溶液中に H_2S を吹き込むと白色の沈殿が生じた。

(1) この反応の化学式を示せ。

(2) 得られた沈殿の結晶構造（立方晶）の単位格子は図4-16で示される（●：陽イオン，○：陰イオン）。1つの陽イオンに対してもっとも近い（最近接）陰イオン，および，1つの陰イオンに対して最近接の陽イオンはそれぞれいくつか。

(3) 図の陽イオン，陰イオンが，それぞれ，0.060，0.184 nmのイオン半径をもつ球と考え，単位格子の長さが0.541 nmとすると，この結晶の充填率はいくらか。

(4) 図の陽イオンと陰イオンの位置の両方に，1種類の原子が配置された結晶構造をもつ物質を1つあげよ。

（北海道大学大学院地球環境科学専攻科物質環境科学入試問題　平成14年度）

解

(1) 亜鉛イオンを含む水溶液に硫化水素を吹き込むと，硫化亜鉛の沈殿が得られる。

反応式は，中性のときには

$$Zn^{2+} + H_2S \longrightarrow ZnS + 2H^+$$

塩基性では，

$$Zn^{2+} + H_2S + 2OH^- \longrightarrow ZnS + 2H_2O$$

となる。

(2) ZnSは閃亜鉛鉱型構造をとる。図4-16に示されたとおり，陽イオン，陰イオンともに，最近接イオンの数は，4である。

(3) 図の単位格子中に含まれる陽イオンの数は，以下の通りになる。

陽イオン：$8 \times 1/8 + 6 \times 1/2 = 4$

陰イオン：$4 \times 4 = 4$

単位格子の大きさは，$(0.541 \text{ nm})^3 = 0.158 \text{ nm}^3$

単位格子に含まれる陽イオン，陰イオンの体積は

$$4 \times \frac{4}{3} \times \pi \times (0.060 \text{ nm})^3 + 4 \times \frac{4}{3} \times \pi \times (0.184 \text{ nm})^3 = 0.108 \text{ nm}^3$$

充填率は,

$$0.108/0.158 = 0.684$$

(4) 閃亜鉛鉱型構造の陽イオンと陰イオンの区別をなくし, 1種類の原子から構成された構造がダイヤモンド型構造である。この構造をとる物質として, C（ダイヤモンド），Si, Ge, Sn（灰スズ）があげられる。

4-3 格子エネルギー

4-3-1 ボルン-ハーバーサイクル

イオン結晶1molを個々のイオンに分解するのに必要なエネルギーを格子エネルギー (lattice energy) という。記号Uで表す。格子エネルギーは次のように, ボルン-ハーバーサイクル (Born-Haber cycle)（図4-23）によって計算することができる。

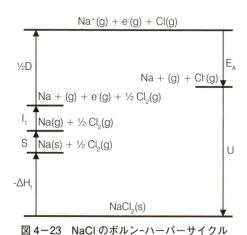

図4-23 NaClのボルン-ハーバーサイクル

$$U = -\Delta H_f + S + I_1 + 1/2D - E_A$$

図は, 塩化ナトリウムの場合のボルン-ハーバーサイクルである。ΔH_f は1molのナトリウム（固体）と1/2molの塩素分子ガスから1molの塩化ナトリウムが生成する反応の生成熱, Sは固体のナトリウムがガス状のナトリウムになる反応の昇華熱, I_1 はガス状のナトリウムがナトリウムイオンになるイオン化エネルギー, Dは塩素分子から気体状の塩素原子に解離する解離エネルギー, E_A は気体状の塩素原子が塩素イオン変わる反応のエネルギーである電子親和力である。昇華熱, 解離エネルギー, イオン化エネルギーは系に供給されるので, いつも正であり, 反対に電子親和力は負になる。

塩化ナトリウムについて, 格子エネルギーを計算すると, 次のようになる。

$$U = -\Delta H_f + S + I_1 + 1/2D - E_A$$
$$= 411 + 89 + 496 + 120 - 349$$
$$= 767 \text{ kJmol}^{-1}$$

ただし，解離エネルギーは塩素分子 Cl_2 1mol に対して決められているので，塩素原子に対しては 1/2D となる。

例題 4-6

NaBr の格子エネルギーをボルン-ハーバーサイクルにより求めよ。

ここで，NaBr 生成熱は，-361 kJmol^{-1}，Na の昇華熱は，109 kJmol^{-1}，Na^+ のイオン化エネルギーは，496 kJmol^{-1}，Br_2 の解離エネルギーは，190 kJmol^{-1}，Br の電子親和力は，338 kJmol^{-1} とする。

解
$$U = -\Delta H_f + S + I_1 + 1/2D - E_A$$
$$= 361 + 109 + 496 + 1/2 \times 190 - 338 = 723 \text{ kJmol}^{-1}$$

4-3-2 マデルング定数

格子エネルギーは，陽イオンと陰イオンの間に働くクーロン力から計算することもできる。NaCl 結晶中のある Na^+ イオンに着目すると，6 個の Cl^- イオンに囲まれている。この原子間距離を d とすると，そのイオン間のクーロンエネルギーは次式で与えられる。

$$E = -\frac{1}{4\pi\varepsilon_0} \frac{e^2}{d} \times 6$$

ここで，ε_0 は真空中の誘電率，e は電気素量である。$\sqrt{2}\,d$ だけ離れたところには 12 個の Na^+ イオンが存在するので，それらとの間のクーロンエネルギーは

$$E = -\frac{1}{4\pi\varepsilon_0} \frac{e^2}{\sqrt{2}\,d} \times 12$$

となる。以下，$\sqrt{3}\,d$，$\sqrt{4}\,d$，$\sqrt{5}\,d$... が，それぞれ，8 個，6 個，24 個…. と並んでいるので，静電エネルギーの総和は次式のように求められる。

$$E = -\frac{1}{4\pi\varepsilon_0}\left(\frac{6e^2}{\sqrt{1}\,d} - \frac{12e^2}{\sqrt{2}\,d} + \frac{8e^2}{\sqrt{3}\,d} - \frac{6e^2}{\sqrt{4}\,d} + \frac{24e^2}{\sqrt{5}\,d} \cdots\right)$$

$$= -\frac{e^2}{4\pi\varepsilon_0 d}\left(\frac{6}{\sqrt{1}} - \frac{12}{\sqrt{2}} + \frac{8}{\sqrt{3}} - \frac{6}{\sqrt{4}} + \frac{24}{\sqrt{5}} \cdots\right)$$

$$= -\frac{e^2}{4\pi\varepsilon_0 d} M$$

（　）内の級数は，M = 1.74756 に収束する。この定数 M は，マデルング定数（Madelung constant）と呼ばれる。マデルング定数は，格子の幾何構造にのみに依存する定数である。いくつかの結晶構造に対するマデルング定数を，表 4－4 に示す。このマデルング定数を用いると，格子エネルギー U_0 は，次のようにボルン－マイヤー式（Born-Mayer equation）で与えられる。

$$U_0 = -\frac{N_A M q^+ q^- e^2}{4\pi\varepsilon_0 d}(1 - \frac{\rho}{d})$$

ここで，N_A はアボガドロ数，q^+，q^- はそれぞれ，陽イオン，陰イオンの電荷である。ρ は反発力を示す定数でソフトネスパラメーターと呼ばれ，通常 $0.310 \sim 0.384 \times 10^{-10}$ m の値をとる。NaCl や NaBr などのハロゲン化アルカリでは $\rho = 0.345 \times 10^{-10}$ m と知られている。この U_0 は，イオン性結晶 1 モルを絶対零度で気体のイオンに変えるのに必要なエネルギーに相当し，常に正の値をとる。ボルン－マイヤー式によって計算される格子エネルギーは実測値ではなく，理論値である。ボルン－ハーバーサイクルに現れる熱力学データがない場合は，この式を用いることによって格子エネルギーを推算することができる。

表 4－4　代表的な結晶構造に対するマデルング定数

構造	マデルング定数	構造	マデルング定数
塩化ナトリウム型	1.748	ウルツ鉱型	1.641
塩化セシウム型	1.763	蛍石型	2.519
閃亜鉛鉱型	1.638	ルチル型	2.408

例題 4－7

　　ボルン－マイヤー式を用いて，NaCl の格子エネルギー U_0 を求めよ。NaCl 中の原子間距離は d，$d = 2.81 \times 10^{-10}$ m である。

解

　　$\rho = 0.345 \times 10^{-10}$ m，A = 1.748，$N_A = 6.02 \times 10^{23}$ mol^{-1}，$q^+ = 1$，$q^- = 1$，$e = 1.602 \times 10^{-19}$ C，$\varepsilon_0 = 8.85 \times 10^{-12}$ kg^{-1}m^{-3}s^{4}A^2 を代入すると，$U_0 = 760$ kJmol^{-1} が得られる。この値は，ボルン－ハーバーサイクルから得られた値，$U = 767$ kJmol^{-1} とよい一致を示している。

4-4 ガラス

結晶とは異なり原子配列が乱雑な状態にある固体も存在する。これをアモルファス（非晶質）固体という。代表的なアモルファス固体として，ガラスがあげられる。ガラスは，融液を急冷することにより，融液の原子配列を凍結状態にした固体でガラス転移点があるものをいう。

非晶質固体中の無秩序な原子の配置は，結晶で見られるような格子を形成していない。（このような原子配置を長距離秩序がないという。）しかしながら，隣り合ういくつかの原子の間には，結合に伴う規則的配列が認められる。（このような原子配置を単距離秩序があるという。）たとえば，ガラスの代表例である石英ガラス（ケイ素酸化物のみからなる）中では，結晶石英中で見られる SiO_4 四面体が構成単位となっているが，この四面体の配列には長距離秩序はない（図4-24）。非晶質固体は微視的には異方性を持っているが，巨視的には液体と同様に等方的であり均質な状態にある。無秩序な原子配列からなる非晶質固体は，熱力学的には準安定な状態であるため，加熱などにより安定な結晶に変化する。

表4-5　非晶質固体の種類

種類	物質の例	化学組成
ガラス		
・無機ガラス	石英ガラス	SiO_2
（酸化物・フッ化物）	フッ化物ガラス	$NaF\text{-}BaF_2$
・カルコゲン化物ガラス	カルコゲンガラス	As_2S_3
・合金ガラス	アモルファス磁性合金	$Fe_{78}Si_{10}B_{10}$
ゲル	シリカゲル	$SiO_2 \cdot nH_2O$
無定形炭素	カーボンブラック	C
非晶質半導体	アモルファスシリコン	Si

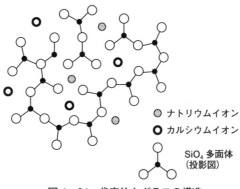

図4-24　代表的なガラスの構造

章末問題

1
(1) 14族元素単体のバンドギャップを表4-6に示す。ダイヤモンド型構造を有する C, Si, Ge, Sn の大きさは，C > Si > Ge > Sn の順である。バンドギャップを決めている要素を化学結合の考え方を基礎に述べよ。また，またこれらの単体が，絶縁体，半導体，金属になる理由を述べよ。

(2) Si のバンドギャップは，1.1eV である。シリコンが灰色である理由を説明せよ。

表4-6 14族元素の結晶のバンドギャップ

元素	C	Si	Ge	Sn	Pb
最外殻の主量子数	2	3	4	5	6
原子半径／pm	77	118	122	140	175
結晶構造	ダイヤモンド型	ダイヤモンド型	ダイヤモンド型	ダイヤモンド型	立方細密充填
Eg/eV	6	1.1	0.6	0.07	0
固体の分類	絶縁体	半導体	半導体	半導体	金属

（北海道大学大学院地球環境科学研究科（物質環境科学）入試問題 平成17年度）

2 BaO の格子エネルギーをボルン-ハーバーサイクルにより求めよ。
ここで，BaO 生成熱は，-560 kJmol^{-1}，Ba の昇華熱は，157 kJmol^{-1}，Ba^{2+} のイオン化エネルギーは，1462 kJmol^{-1}，O$_2$ の解離エネルギーは，498 kJmol^{-1}，O^{2-} に対するの電子親和力は，-702 kJmol^{-1} とする。

3 ボルン-マイヤーの式から，イオン結晶の格子エネルギーに関して読み取れる事柄を列挙せよ。

4 ガラスは三次元的な長距離規則性を持たない無機固体で有り，たとえば二酸化ケイ素と酸化ナトリウム，酸化カルシウムの混合物を冷却して図4-24のような構造を持つガラスが合成される。このガラスの骨格を作っている二酸化ケイ素は（イ）成分，添加された酸化ナトリウムや酸化カルシウムは（ロ）と呼ばれる。図4-25は，液体状態からの冷却によってガラスと結晶が作製できることを示している。

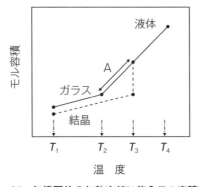

図4-25 無機固体の加熱冷却に伴うモル容積変化

(1) （イ）と（ロ）に入る用語は何か答えよ。
(2) 図 4–21 中の T_2, T_3 は何と呼ばれる温度か答えよ。
(3) A の状態は何か答えよ。
(4) ガラスの合成法について，図 4–21 を利用して 100 字以内で説明せよ。

（名古屋大学大学院工学研究科応用化学入試問題　平成 23 年度）

第5章 錯体化学 Complex chemistry

　ウェルナーが見出した配位化合物はウェルナー錯体から始まり，非ウェルナー錯体（有機金属）に展開され，さらに新しい物質群も見い出されつつある。この章では，錯体の構造（化学式，命名法，配位多面体・幾何異性体・光学異性体，），錯体の電子配置と性質（d電子数，CFSE，高スピン，低スピン，不対電子，分光化学系列，禁制遷移，磁性，結晶場理論・配位子場理論），錯体の反応（配位子置換反応，逐次生成定数，全安定度定数，化学種分布図，キレート効果，トランス効果）について学習を進める。

5-1　錯体の構造

　錯体（complex）とは，中心となる原子（イオン）に数個の原子または原子団が結合して生成した分子または多原子イオンである。中心原子は多くの場合，金属元素の原子である。中心原子に結合している原子または原子団を配位子（ligand）という。
　錯体の構造は錯体の性質に大きく影響するので命名法と化学式および幾何構造との関係を整理しておくことが必要である。

5-1-1　命名法

　錯体の命名では，配位子の英語名のアルファベット順に数詞をつけて書き，中心金属に価数をつけ最後に書く。錯体がアニオンの場合には，…酸とする。日本語では，アニオンカチオンの順に1語にするが，硝酸塩，塩化物という表現も認められる。配位子は分子名を用いるが特別な名称をもつものがある。H_2O aqua（アクア），NH_3 ammin（アンミン）などは正確に記憶する。表5-1に代表的な配位子の名称を示した。

表5−1　配位子の名称例

配位子 or 略号	名　　称	慣用名（旧名）
F^-	フルオリド　fluorido	フルオロ
Cl^-	クロリド　chlorido	クロロ
Br^-	ブロミド　bromido	ブロモ
I^-	ヨージド　iodido	ヨード
OH^-	ヒドロキシド　hydroxido	ヒドロキソ
CN^-	シアニド　cyanido	シアノ
acac	2,4-ジオキソペンタン-3-イド	アセチルアセトナト
bpy	2,2'-ビピリジン	2,2'-ビピリジン
en	エタン-1,2-ジアミン	エチレンジアミン

例題 5−1

次の錯体の日本語名を金属の酸化数をつけて記せ。

(1)　$[FeCl(H_2O)_5]NO_3$

(2)　$[CoBrCl(H_2O)_2(NH_3)_2]Br$

(3)　$K[Cr(SCN)_4(NH_3)_2]$

解

(1) 硝酸ペンタアクアクロリド鉄（III），またはペンタアクアクロリド鉄（III）硝酸塩

(2) 臭化ジアンミンジアクアブロミドクロリドコバルト（III），またはジアンミンジアクアブロミドクロリドコバルト（III）臭化物

(3) ジアンミンテトラチオシアナトクロム（III）酸カリウム

5−1−2　化 学 式

錯体の化学式は［　］直角かっこではさんで表記する。最初に金属の元素記号を，次にアニオン性配位子，カチオン性配位子，中性配位子の順に書く。同種の配位子がある場合には配位子の化学式のアルファベット順にする。キレート型の複雑な配位子については略号が使用されることも多い。

> **例題 5−2**
> 次の錯体の化学式を記せ。
> (1) テトラアクアジブロミドクロリドコバルト (III)
> (2) ペンタアンミンヨージドコバルト (III) 硫酸塩
> (3) ヘキサシアニド鉄 (III) 酸カリウム
> (4) ヘキサシアニドコバルト (III) 酸ヘキサアンミンクロム (III)
>
> **解**
> (1) $[CoBr_2Cl(H_2O)_4]$ (2) $[CoI(NH_3)_5]SO_4$
> (3) $K_3[Fe(CN)_6]$ (4) $[Cr(NH_3)_6][Co(CN)_6]$

5−1−3 配位多面体と幾何異性体

配位多面体の形状は中心金属と配位子の配位原子によって構成されるものであり，錯体全体の形状ではない。特に4配位平面四角形錯体や6配位八面体錯体の配位多面体構造の図示法は，錯体化学では多用されるので，練習が必要である。

幾何異性体（geometrical isomerism）は，化学式が同じでも，立体的に構造が異なる1組の錯体である。例えば，$[NiCl_2(NH_3)_2]$は，平面四角形の形をしているが，塩化物イオンおよびアンモニア分子が，四角形の隣り合った頂点を占める場合と，対角線方向の頂点を占める場合がある。そこで，両者を区別して，隣り合う場合をシス（cis），対角線方向の場合をトランス（trans）と名付けている。また，八面体錯体に見られる，メル（mer）体およびファク（fac）体は，錯体を地球に見立てて考える。すなわちmer体では同一の配位子が子午線（meridian）上に配置され，fac体では，面（face）に配置されることをイメージするとよい。

> **例題 5−3**
> 次の配位多面体の構造を設問に従い図示せよ。
> (1) 4配位平面四角形錯体 cis-$[PtCl_2(NH_3)_2]$
> (2) 6配位八面体形錯体 cis-$[CoCl_2(NH_3)_4]^+$
> (3) 6配位八面体形錯体 trans-$[CoBr_2(NH_3)_4]^+$
> (4) 6配位八面体錯体 mer-$[CoCl_3(NH_3)_3]$
> (5) 6配位八面体錯体 fac-$[CoCl_3(NH_3)_3]$

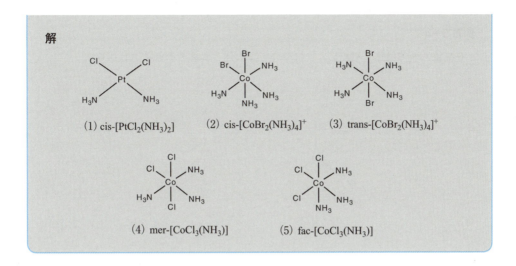

5−1−4　6配位八面体錯体の光学異性体

6配位八面体錯体の光学異性体には配位子が右ねじ（時計回り）に配置されるΔ体と左ねじ（反時計回り）に配置されるΛ体が存在する。図5−1に二座配位子が3つ配位した6配位八面体錯体の光学異性体（optical isomer）を示した。

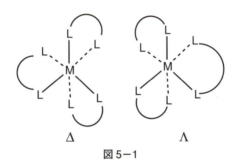

図5−1

例題 5-4
6配位八面体錯体 $[MX_2Y_2Z_2]$ について，Δ体とΛ体をそれぞれ作図せよ。

解

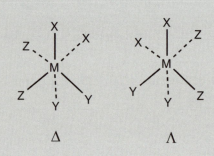

5-2　錯体の電子配置と性質

5-2-1　錯体の電子配置

錯体の性質を考えるために中心金属のd電子数を把握する必要がある。遷移金属元素の電子の構成原理を理解した上で，中心金属が酸化されて陽イオンになる場合には，エネルギー準位が高い4s電子が先に失われること，および4s電子数は必ずしも2でないことに注意する必要がある。

例題 5-5
第4周期遷移金属元素の電子配置を記せ。

解

$_{21}Sc:[Ar]4s^23d^1, _{22}Ti:[Ar]4s^23d^2, _{23}V:[Ar]4s^23d^3, _{24}Cr:[Ar]4s^13d^5, _{25}Mn:[Ar]4s^23d^5,$
$_{26}Fe:[Ar]4s^23d^6, _{27}Co:[Ar]4s^23d^7, _{28}Ni:[Ar]4s^23d^8, _{29}Cu:[Ar]4s^13d^{10}, _{30}Zn:[Ar]4s^23d^{10}$

5-2-2　d軌道の分類と分裂

錯体の中心金属の5つのd軌道は配位子が存在しなければそのエネルギー準位は五重に縮重した球であるが，配位子が存在すると配位子からの反発を受けて，エネルギー準位が分裂する。d軌道の対称性によって，いくつかの分類記号があるが，配位多面体として多数の事例が知られている6配位正八面体錯体および4配位正四面体錯体の性質を理解するためには，t_{2g}軌道（d_{xy}, d_{yz}, d_{zx}）と e_g 軌道（$d_{z^2}, d_{x^2-y^2}$）の分類が必要である。この分類記号は錯体自体に対称中心のない正四面体構造では，t_2軌道，e軌道と呼称される。図5

−2に軌道の分類と分裂を示した。八面体錯体と四面体錯体ではd軌道が配位子から受ける反発相互作用が逆になるので，安定化されるd軌道と不安定化される軌道が逆転する。

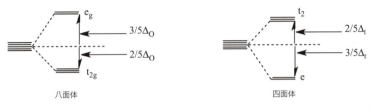

図5−2

> **例題5−6**
>
> 以下の設問に該当するd軌道を明記して分裂を図示せよ。
> (1) 6配位八面体錯体のt_{2g}軌道　　(2) 4配位四面体錯体のe軌道
>
> 解
>
>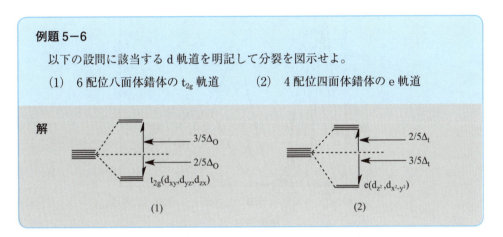

5−2−3　分光化学系列

錯体の吸収スペクトルを測定し，可視光領域の弱い吸収帯（モル吸収係数で100程度）の極大波長が配位子によって規則的に変化することが知られており，これを分光化学系列（spctrochemical series）という。図5−3に分光化学系列を示した可視光領域の吸収はd−d遷移によるものであり，分光化学系列はd軌道の分裂幅を決める配位子場の強さの順番と説明される。

$$CO > CN^- > NO_2^- > NH_3 > H_2O > NCS^- > OH^- > F^- > Cl^- > Br^- > I^-$$

図5−3

例題 5-7

Ni のアクア錯体 $[Ni(H_2O)_6]^{2+}$ に en を 1 分子ずつ配位させると色の異なる $[Nien(H_2O)_4]^{2+}$, $[Ni(en)_2(H_2O)_2]^{2+}$ $[Ni(en)_3]^{2+}$ が生成する。図 5-4 に示す可視紫外吸収スペクトルを見分けよ。

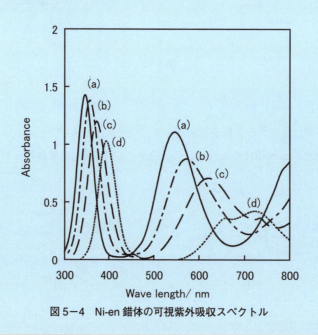

図 5-4 Ni-en 錯体の可視紫外吸収スペクトル

解

吸収スペクトルには (a) (b) (c) (d) の 4 つの化学種の存在が示されており，それぞれ 2 つのの吸収極大がある。吸収極大は (a) が最も短波長側にあり，(b) (c) (d) の順に長波長側にシフトする。分光化学系列では en＞H_2O なので
(a) = $[Ni(en)_3]^{2+}$, (b) = $[Ni(en)_2(H_2O)_2]^{2+}$, (c) = $[Ni(en)(H_2O)_4]^{2+}$, (d) = $[Ni(H_2O)_6]^{2+}$ となる。

5-2-4 高スピン・低スピン錯体

配位子によって分裂した金属の d 軌道に電子を詰めていくときに d 電子の分裂幅とスピン対形成エネルギーの大きさの大小により，2 つの電子配置が生ずる場合がある。この 2 つの電子配置のうち，不対電子数の多い配置をとる錯体を高スピン錯体，不対電子数の少ない配置の錯体を低スピン錯体と呼ぶ。2 つの配置ができる理由は，d 軌道の分裂幅とスピン対生成エネルギーとの大小差に依存している。すなわちスピン対生成エネルギーよ

りも d 軌道の分裂幅が小さい時には高スピン錯体が，逆に分裂幅のほうが大きい場合には低スピン錯体となる

> **例題 5−8**
> スピン対形成エネルギーよりも分裂幅が大きい場合には低スピン錯体が，小さい場合には高スピン錯体が生成する。d^7 錯体が 6 配位正八面体構造をとるとき高スピン錯体，低スピン錯体の電子配置を示せ。

> **解**
> 正八面体錯体では t_{2g} 軌道が低エネルギー準位に e_g 軌道が高エネルギー準位に分裂するので，高スピン錯体では $(t_{2g})^5(e_g)^2$ となり，低スピン錯体では $(t_{2g})^6(e_g)^1$ となる。

5−2−5 結晶場安定化エネルギー（CFSE）

錯体を形成する金属の 5 つの d 軌道に電子が存在しない d^0 錯体，1 つずつ詰まっている d^5 錯体，または 2 つずつ詰まっている d^{10} 錯体では，d 軌道が分裂しても系全体のエネルギーは変化しないが，これら以外の電子配置では電子は低いエネルギー準位（例題 5−6 参照）を占有するので，系のエネルギーは安定化される．これを結晶場安定化エネルギー（CFSE）という。CFSE は，分裂前のエネルギー準位から安定化されるエネルギーと不安定化されるエネルギーと専有する電子数から計算できる。

> **例題 5−9**
> 次の錯体の CFSE を求めよ。
> (1) 正八面体 d^7 の高スピン錯体
> (2) 正八面体 d^7 の低スピン錯体
> (3) 正四面体の d^7 錯体（配位子が 4 つなので高スピン錯体である）
> (4) 正八面体の d^3 錯体（d^3 錯体に低スピン高スピンの区別はない）

> **解**
> (1) $(t_{2g})^5(e_g)^2 \Rightarrow \text{CFSE} = -\dfrac{2}{5}\Delta_\text{o} \times 5 + \dfrac{3}{5}\Delta_\text{o} \times 2 = -\dfrac{4}{5}\Delta_\text{o}$
>
> (2) $(t_{2g})^6(e_g)^1 \Rightarrow \text{CFSE} = -\dfrac{2}{5}\Delta_\text{o} \times 6 + \dfrac{3}{5}\Delta_\text{o} \times 1 = -\dfrac{9}{5}\Delta_\text{o}$

(3) $(e)^4(t_2)^3 \Rightarrow \text{CFSE} = -\frac{3}{5}\Delta_T \times 4 + \frac{2}{5}\Delta_T \times 3 = -\frac{6}{5}\Delta_T$

(4) $(t_{2g})^3(e_g)^0 \Rightarrow \text{CFSE} = -\frac{2}{5}\Delta_O \times 3 + \frac{3}{5}\Delta_O \times 0 = -\frac{6}{5}\Delta_O$

5−2−6 不対電子と磁性

錯体が不対電子を持つ場合にその錯体は常磁性であり，磁気モーメントを持つ。この磁気モーメントは磁気天秤で実測可能であるので，錯体の持つ不対電子数を求めることができる。

例題 5−10

次の錯体の不対電子数を記せ
(1) $[\text{FeCl}_4]^{2-}$ (2) $[\text{Ru}(\text{NH}_3)_6]^{2+}$ (3) $[\text{Ru}(\text{NH}_3)_6]^{3+}$

解

中心金属の電子配置と錯体の配位多面体の形状からd軌道を分類する。配位子から強配位子場，弱配位子場を考慮し，低スピン錯体か高スピン錯体かを判断する。強配位子場−弱配位子場かを判断するには分光化学系列が便利である。

(1) $_{26}\text{Fe}:[\text{Ar}]4s^23d^6$ 四面体 d^6 錯体の高スピン錯体。$(e)^3(t_2)^3$ 不対電子数4個
(2) $_{44}\text{Ru}:[\text{Kr}]4d^75s^1$ 八面体 d^6 錯体の低スピン錯体。$(t_{2g})^6(e_g)^0$ 不対電子0個
(3) $_{44}\text{Ru}:[\text{Kr}]4d^75s^1$ 八面体 d^5 錯体の低スピン錯体。$(t_{2g})^5(e_g)^0$ 不対電子1個

例題 5−11

$[\text{Co}(\text{NH}_3)_6]\text{Cl}_3$ が反磁性であり $\text{K}_3[\text{CoF}_6]$ が常磁性である理由を説明せよ。

解

いずれの場合も6配位八面体の d^6 錯体であり，$[\text{Co}(\text{NH}_3)_6]^{3+}$ は強配位子場の低スピン錯体で不対電子数0であるために反磁性。$[\text{CoF}_6]^{3-}$ は弱配位子場の高スピン錯体で不対電子数4となるために常磁性を示すと言える。

5－3　錯体の反応と安定性

5－3－1　配位子置換反応

遷移金属塩を水に溶解し，配位子分子を加えて錯体を合成する過程では，種々の配位子置換反応が生じている。水溶液中で錯体の陰イオン性配位子が水分子に置換されることをアクア化反応という。0.1M濃度で反応が1分程度で終了するような速い反応を置換活性といい，これよりも遅い反応は置換不活性と呼ばれる。

例題 5－12

硝酸鉄・9水和物の結晶は薄紫色の結晶である。これを蒸留水に溶解すると溶液は薄橙色になる。此処に希硝酸を加えて攪拌すると無色になり，さらに塩化ナトリウムを溶解すると薄黄色に変色する。これらの錯体の生成の化学式を示し，命名せよ。

解

$$Fe^{III}SO_4 \cdot 9H_2O \longrightarrow \left[Fe^{III}(OH)(H_2O)_5\right]^{2+}$$

$$\left[Fe^{III}(OH)(H_2O)_5\right]^{2+} + H^+ \longrightarrow \left[Fe^{III}(H_2O)_6\right]^{3+}$$

$$\left[Fe^{III}(H_2O)_6\right]^{3+} + Cl^- \longrightarrow \left[Fe^{III}Cl(H_2O)_5\right]^{2+}$$

ヘキサアクア鉄（III）硝酸塩
ペンタアクアヒドロキシド鉄（III）イオン
ヘキサアクア鉄（III）イオン
ペンタアクアクロリド鉄（III）イオン

5−3−2 逐次生成定数・全生成定数

錯体生成の平衡反応は逐次生成定数（$K_1, K_2 \cdots K_n$）および全生成定数（$\beta_1, \beta_2, \cdots \beta_n$）を用いて定量的に取り扱うことができる。図5−5にNi^{2+}のen錯体が生成する平衡反応の逐次生成定数および全生成定数を示した。

$$Ni^{2+} + en \rightarrow [Nien]^{2+} \Rightarrow K_1 = \frac{[Nien^{2+}]}{[Ni^{2+}][en]}$$

$$[Nien]^{2+} + en \rightarrow [Nien_2]^{2+} \Rightarrow K_2 = \frac{[Nien_2^{2+}]}{[Nien^{2+}][en]}$$

$$[Nien_2]^{2+} + en \rightarrow [Nien_3]^{2+} \Rightarrow K_3 = \frac{[Nien_3^{2+}]}{[Nien_2^{2+}][en]}$$

$$Ni^{2+} + en \rightarrow [Nien]^{2+}$$
$$\Rightarrow \beta_1 = \frac{[Nien^{2+}]}{[Ni^{2+}][en]} = K_1$$

$$Ni^{2+} + 2en \rightarrow [Nien_2]^{2+}$$
$$\Rightarrow \beta_2 = \frac{[Nien_2^{2+}]}{[Ni^{2+}][en]^2} = \frac{[Nien^{2+}]}{[Ni^{2+}][en]} \times \frac{[Nien_2^{2+}]}{[Nien^{2+}][en]} = K_1 K_2$$

$$Ni^{2+} + 3en \rightarrow [Nien_3]^{2+}$$
$$\Rightarrow \beta_3 = \frac{[Nien_3^{2+}]}{[Ni^{2+}][en]^3} = \frac{[Nien^{2+}]}{[Ni^{2+}][en]} \times \frac{[Nien_2^{2+}]}{[Nien^{2+}][en]} \times \frac{[Nien_3^{2+}]}{[Nien_2^{2+}][en]} = K_1 K_2 K_3$$

図5−5

例題 5−13

Cu^{2+}のアンミン錯体が逐次生成する場合の逐次生成定数 K_n を定義し，全生成定数 β_n を逐次生成定数で表せ。

解

$$Cu^{2+} + NH_3 \to [Cu(NH_3)]^{2+} \Rightarrow K_1 = \frac{[Cu(NH_3)^{2+}]}{[Cu^{2+}][NH_3]}$$

$$[Cu(NH_3)]^{2+} + NH_3 \to [Cu(NH_3)_2]^{2+} \Rightarrow K_2 = \frac{[Cu(NH_3)_2^{2+}]}{[Cu(NH_3)^{2+}][NH_3]}$$

$$[Cu(NH_3)_2]^{2+} + NH_3 \to [Cu(NH_3)_3]^{2+} \Rightarrow K_3 = \frac{[Cu(NH_3)_3^{2+}]}{[Cu(NH_3)_2^{2+}][NH_3]}$$

$$[Cu(NH_3)_3]^{2+} + NH_3 \to [Cu(NH_3)_4]^{2+} \Rightarrow K_4 = \frac{[Cu(NH_3)_4^{2+}]}{[Cu(NH_3)_3^{2+}][NH_3]}$$

$$Cu^{2+} + NH_3 \to [Ni(NH_3)]^{2+}$$
$$\Rightarrow \beta_1 = \frac{[Cu(NH_3)^{2+}]}{[Cu^{2+}][NH_3]} = K_1$$

$$Cu^{2+} + 2NH_3 \to [Cu(NH_3)_2]^{2+}$$
$$\Rightarrow \beta_2 = \frac{[Cu(NH_3)_2^{2+}]}{[Cu^{2+}][NH_3]^2} = \frac{[Cu(NH_3)^{2+}]}{[Cu^{2+}][NH_3]} \times \frac{[Cu(NH_3)_2^{2+}]}{[Cu(NH_3)^{2+}][NH_3]} = K_1 K_2$$

$$Cu^{2+} + 3NH_3 \to [Cu(NH_3)_3]^{2+}$$
$$\Rightarrow \beta_3 = \frac{[Cu(NH_3)_3^{2+}]}{[Cu^{2+}][NH_3]^3} = \frac{[Cu(NH_3)^{2+}]}{[Cu^{2+}][NH_3]} \times \frac{[Cu(NH_3)_2^{2+}]}{[Cu(NH_3)^{2+}][NH_3]} \times \frac{[Cu(NH_3)_3^{2+}]}{[Cu(NH_3)_2^{2+}][NH_3]} = K_1 K_2 K_3$$

$$Cu^{2+} + 4NH_3 \to [Cu(NH_3)_4]^{2+}$$
$$\Rightarrow \beta_4 = \frac{[Cu(NH_3)_4^{2+}]}{[Cu^{2+}][NH_3]^4} = \frac{[Cu(NH_3)^{2+}]}{[Cu^{2+}][NH_3]} \times \frac{[Cu(NH_3)_2^{2+}]}{[Cu(NH_3)^{2+}][NH_3]} \times \frac{[Cu(NH_3)_3^{2+}]}{[Cu(NH_3)_2^{2+}][NH_3]} \times \frac{[Cu(NH_3)_4^{2+}]}{[Cu(NH_3)_3^{2+}][NH_3]} = K_1 K_2 K_3 K_4$$

5−3−3 キレート効果

ある金属イオンのアクア配位子を，Nを配位原子とした配位子で置換する場合に単座配位子よりもキレート環を生成する多座配位子のほうが安定な錯体を形成する。これをキレート効果（chelate effect）という。キレート効果を説明するには配位子置換反応前後に存在する独立な分子数変化を比較すればよい。1つの配位子中に複数の配位原子を有するキレート配位子では錯体形成によって独立な分子数が増える。このようにキレート効果の本質はエントロピー増大によるものである。

例題 5−14

多座配位のキレート配位子が安定な錯体を形成することをCoアクア錯体がアンミン錯体を形成する場合とen錯体を形成する場合で反応前後に存在する独立な分子数変化で説明せよ。

解

$$[Co(H_2O)_6]^{2+} + 6NH_3 \longrightarrow [Co(NH_3)_6]^{2+} + 6H_2O \cdots \Delta n = 7-7 = 0$$

$$[Co(H_2O)_6]^{2+} + 3en \longrightarrow [Coen_3]^{2+} + 6H_2O \cdots \Delta n = 7-4 = +3$$

アンミン錯体もen錯体もCoに配位する原子の種類も数も同じであるので，エネルギー的にはほぼ同等であるが，反応の前後の独立な分子数の変化はアンミン錯体では0であるのに対して，en錯体では分子数が増加する。

5－3－4　化学種分布図

錯体の生成定数のデータを用いると化学種の濃度を配位子濃度の関数として求めることができる。

例題 5－15

緑色を呈する7mM－NiSO$_4$水溶液300mLに25％－en水溶液を少量ずつ加えて撹拌すると5mL加えた時に溶液が薄青色に変色し，10mL加えた時に青色に，15mL加えた時に青紫色に変化した後，20mL加えても色変化は生じなかった。Ni^{2+}のen錯体の化学種分布図を図5－6に示す。青色錯体の化学式を答えよ。

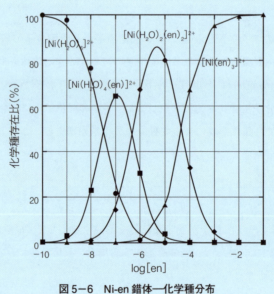

図5－6　Ni-en錯体―化学種分布

> **解**
> 化学種分布図をみると Ni の en 錯体の存在比は en の濃度によって支配的な化学種が存在することがわかる。en が配位していないアクア錯体を含めると 4 種の錯体化学種に分類できるから，青色錯体は en が 2 個配位した $[Ni(H_2O)_2 en_2]^{2+}$ である。

5-3-5 トランス効果

Pt や Ni の平面 4 配位錯体では，反応点のトランス位の配位子が，その置換反応に大きく影響するのでトランス効果と呼ばれる。すなわちトランス効果の強い配位子のトランス位の配位子が優先的に置換される。図 5-7 にトランス効果の序列を示した。また図 5-9 に反応事例を示した。

$$H_2O < OH^- < py, NH_3 < Cl^- < Br^- < SCN^- < I^- < NO_2^- < PR_3 < CN^-$$

図 5-7

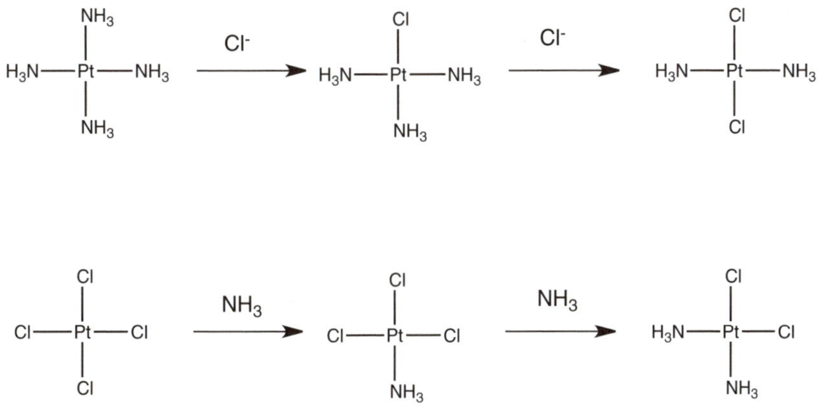

図 5-8

例題 5-16

次の配位子置換反応の生成物の構造式を記せ

(1)

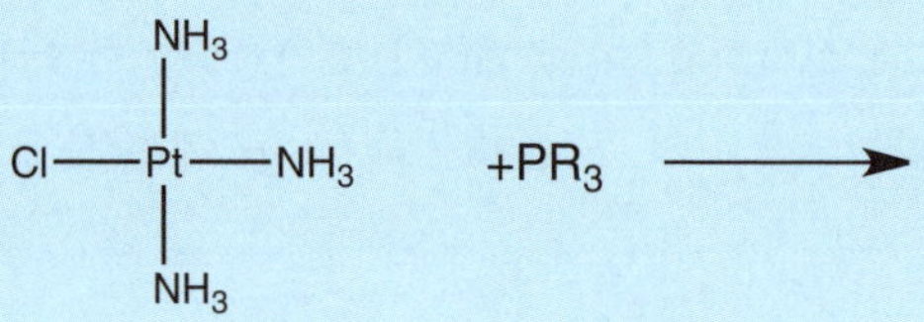

$$\begin{array}{c} & NH_3 \\ & | \\ Cl-Pt-NH_3 \\ & | \\ & NH_3 \end{array} \quad +PR_3 \longrightarrow$$

(2)

$$\begin{array}{c} & Cl \\ & | \\ R_3P-Pt-Cl \\ & | \\ & Cl \end{array} \quad +NH_3 \longrightarrow$$

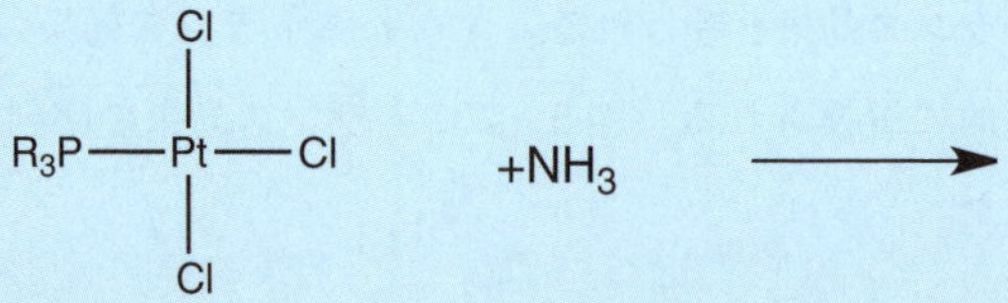

解

平面4配位錯体の配位子置換反応としてトランス効果を考える場合には，置換される錯体の構造に着目することが重要であり，トランス効果の最も大きな配位子のトランス位の配位子が置換される。

(1)
$$\begin{array}{c} & NH_3 \\ & | \\ Cl-Pt-PR_3 \\ & | \\ & NH_3 \end{array}$$

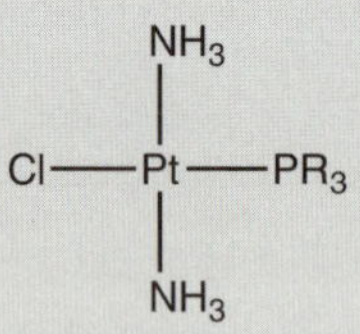

(2)
$$\begin{array}{c} & Cl \\ & | \\ R_3P-Pt-NH_3 \\ & | \\ & Cl \end{array}$$

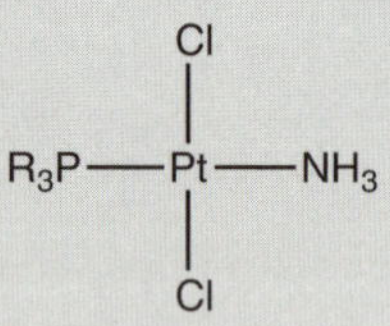

惑星ヴァルカンとイリニウム

　惑星ヴァルカンの名を知っている人はほとんどいないだろう。ヴァルカンとは，水星の内側を回っていると思われた幻の惑星のことである。今から約150年前，フランスの天文学者ルヴァリエは，水星の軌道を詳しく調べ，その近日点の移動が，力学理論による計算値と異常にずれることを発見した。そこで彼は，未知の惑星が水星の内側を回っていると確信した。これが惑星ヴァルカンである。だが，多くの研究者が精力的に探索を続けたが，なぜか，惑星ヴァルカンは発見されなかった。

　しかしこの問題は，70年後にアインシュタインによって解決された。アインシュタインが自分の新しい力学理論，相対性理論により，水星の軌道を計算し直したところ，異常なズレなどなかったのである。アインシュタインの理論が認められるに従い，惑星ヴァルカンは忘れられてしまった。

　幻の惑星予測から，100年後の1945年，化学者が長年探し求めていた元素が発見されている。このころまでには，周期表上の化学元素はほぼ発見されていたが，ただ1か所，61番目の元素だけが，空欄として残されていた。多くの化学者が61番元素を探していたが，ついに，1926年，アメリカの化学者ハリスとホプキンズは，ある特殊な鉱物から微量の新元素を取りだした。そして，61番元素に予想されたスペクトル線をはっきりと確認したのだった。彼らの住んでいたイリノイ州から名を取り，イリニウムと命名された。この結果には説得力があったので，多くの化学者はこの発見を受け入れた。だが事態は意外な展開となった。その後多くの確認実験が行われたが，61番元素のスペクトル線は二度と確認できなかったのである。そのうち彼らの発見には疑いが広がり，イリニウムの名は消えていった。

　それから19年後の1945年，アメリカのマリンスキーによって，ついに61番元素が発見された。そしてプロメチウムと命名された。この元素は，極めて特異的な性質をもっていた。放射線を絶えず放射して，短期間で消滅してしまう，放射性元素だったのだ。ハリスとホプキンズが二度と確認できなかったのは，ここに理由があったのだろう。二人は，確かに61番元素を発見していたのかもしれない。

章末問題

1 次の錯体の日本語名を記せ
(1) $K_3[Mn(ox)_3]$ (2) $[Ni(en)_3]SO_4$ (3) $[CoCl_2(en)_2]Cl$

2 次の配位多面体を指示に従い図示せよ。
(1) 5配位三方両錐形の $[Ni(CN)_5]^{3-}$ の構造とエクアトリアル位の配位原子
(2) 5配位四方錐形の $[Ni(CN)_5]^{3-}$ の構造
(3) 6配位三角柱型の $[ML_6]$

3 6種類の配位子 a, b, c, d, e, f を有する中心金属 M の 6配位八面体錯体 $[Mabcdef]$ の幾何異性体は 15 種類存在する。これを全て図示せよ。(ヒント：6配位八面体錯体の cis-trans- 幾何異性体を系統的に図示するとよい)

4 配位構造に関する設問に答えよ
(1) $PtCl_2(NH_3)(PPh_3)$ (Ph = フェニル基) の異性体を全て図示せよ。
(2) $[Fe(CO)_3(CN)_2Br]^-$ の異性体を全て図示せよ。

(名古屋大学理学研究科物質理学専攻　平成 24 年度)

5 塩化コバルト (II)：$CoCl_2 \cdot 6H_2O$ の結晶は不透明な濃赤紫色であるのに対して塩化マンガン (II) $MnCl_2 \cdot 4H_2O$ の結晶は透明な薄桃色であることを説明せよ。

6 $[Co(NH_3)_6]^{3+}$ と $[CoF_6]^{3-}$ のうち，一方は高スピン錯体，もう一方は低スピン錯体である。
(1) どちらが高スピン錯体/低スピン錯体か理由をつけて説明せよ。
(2) d 軌道の分裂パターンと電子配置を図示して，常磁性か反磁性か答えよ。
(3) 結晶場安定化エネルギーを，結晶場分裂の大きさ Δ_o を用いて求めよ。ただし，スピン対形成エネルギーを P とする。

(名古屋大学理学研究科物質理学専攻　平成 22 年度)

7 塩化コバルト (II)：$CoCl_2 \cdot 6H_2O$ の粉体試薬は濃赤紫色，一方，硫酸コバルト (II)：$CoSO_4 \cdot 7H_2O$ および硝酸コバルト (II)：$Co(NO_3)_2 \cdot 6H_2O$ の粉体試薬は濃赤褐色であるが，これらの試薬を 0.15 mM 濃度になるように蒸留水に溶解すると，3つとも同じ赤紅色を示す。この現象を説明せよ。

8 アンミン銅 (II) 錯体の逐次生成定数は $\log K_1 = 4.31$, $\log K_2 = 3.67$, $\log K_3 = 3.04$, $\log K_4 = 2.30$ である。全生成定数を求めよ。

9 平面四角形錯体のトランス効果の傾向は $PR_3 > Cl > NH_3 = py$ である。(A) から出発して配位

子を 1 つずつ置換し（B）を 3 段階で効率良く合成する。配位子を作用させる順番を記せ。

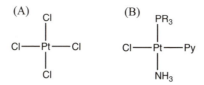

10 アンミン銅（II）錯体は銅アクア錯体がアンモニア水中で水分子がアンモニア分子に置換されて生成する平面四角形錯体である。その全生成定数は $\log\beta_1 = 4.31$，$\log\beta_2 = 7.98$，$\log\beta_3 = 11.02$，$\log\beta_4 = 13.32$ である。銅アクア錯体の初期濃度を $1\,\mathrm{mol\,dm^{-3}}$ と仮定し，$\log[\mathrm{NH_3}] = -6 \sim -2$ の範囲でアクア錯体，1 ～ 4 置換錯体の存在比を計算し，化学種分布図を作成せよ。

11 cis-$\mathrm{PtCl_2(NH_3)_2}$ および trans-$\mathrm{PtCl_2(NH_3)_2}$ を選択的に合成する方法を説明せよ。

（名古屋大学理学研究科物質理学専攻　平成 22 年度）

12 硬い酸／塩基および軟らかい酸／塩基に着目して錯体の生成について説明せよ。
チオシアン酸イオン（SCN イオン）が $\mathrm{Cr^{3+}}$ または $\mathrm{Pt^{2+}}$ に配位した場合，各々の遷移金属に対して，より安定と考えられる結合様式を示せ。

（名古屋大学理学研究科物質理学専攻　平成 21 年度）

第6章 酸と塩基 Acid and base

溶媒中の化学反応を扱うとき、酸・塩基の考え方は必須である。本章では、溶媒として重要な水中の酸・塩基反応、およびその非水溶媒中に拡張された酸・塩基反応について学ぶ。

6-1 アレニウスの酸・塩基

酸・塩基の最初の定義は、アレニウス（Arrhenius）によってなされ（1884年）、「酸とは、水に溶けて水素イオン H^+ を生じる物質であり、塩基とは、水に溶けて水酸化物イオン OH^- を生じる物質である。」とされた。

$$酸： HA \rightleftarrows H^+ + A^-$$
$$アルカリ： MOH \rightleftarrows M^+ + OH^-$$

ここで、H^+ と表したイオンは実際には水和したオキソニウムイオン（通常、H_3O^+ と表される）である。この定義にあてはまる代表的な酸としては、塩酸 HCl、硝酸 HNO_3 など、塩基としては水酸化ナトリウム NaOH などがあげられる。

この定義は、CO_2 や NH_3 のように水に溶けて、その溶液が、それぞれ、酸性、アルカリ性を示す化合物で、H^+ や OH- を持たない物質にも拡張された。

$$酸： CO_2 + H_2O \rightleftarrows H^+ + HCO_3^-$$
$$塩基： NH_3 + H_2O \rightleftarrows NH_4^+ + OH^-$$

CO_2 と NH_3 は水と反応することにより、H^+ および OH^- がを生じるので、それぞれ、酸および塩基と定義できるようになった。アレニウスの酸・塩基の定義は水溶液系に限って有効である。

6-2 ブレンステッド酸・塩基

ブレンステッド（Brønsted）とローリー（Lowry）は、1923年に水溶液系以外にも適用可能な拡張可能な酸・塩基の定義を提出した。彼らの定義では、「酸とは水素イオン H

$^+$を与える分子・イオンであり，塩基とは水素イオン H$^+$を受け取る分子・イオンである。」となり，H$^+$の供与，受容により酸・塩基反応が進行する。この定義により，水に限定することなく，H$^+$を含んだ溶媒を取り扱うことができるようになった。

酸を HA，塩基を B とすると

$$HA + B \rightleftarrows A^- + BH^+$$

右向きの反応において，HA がブレンステッド酸，B がブレンステッド塩基であるが，逆反応では，BH$^+$がブレンステッド酸，A$^-$はブレンステッド塩基である。酸 HA と塩基 A$^-$の関係を互いに共役しているという。A$^-$は酸 HA の共役塩基，BH$^+$は塩基 B の共役酸と表わすことにする。

次のような反応では

酸	塩基		共役塩基	共役酸
HCl	+ H$_2$O	$\rightleftarrows$	Cl$^-$	+ H$_3$O$^+$
H$_2$O	+ NH$_3$	$\rightleftarrows$	OH$^-$	+ NH$_4^+$

Cl$^-$は HCl の共役塩基，H$_3$O$^+$は H$_2$O の共役酸である。すなわち，酸 HCl は水素イオンを放出して共役塩基 Cl$^-$になる。また，塩基 NH$_3$ は水素イオンを受容して共役酸 NH$_4^+$になる。

酸・塩基に対して強酸，弱酸，あるいは強塩基，弱塩基という表現が用いられる。この強弱は，酸では水素イオンを他の化学種に与える能力，塩基では他の化学種から水素イオンを取り込む能力の大小を表す。ブレンステッド酸 HA の強さは，水分子が水素イオン受容体であるときの反応の平衡定数で表すことができる。

$$HA + H_2O \rightleftarrows A^- + H_3O^+$$

この反応に対する平衡定数を K_a とすれば

$$K_a = [H_3O^+][A^-] / [HA]$$

この K_a のことを酸解離定数という。酸 HA が強酸であれば K_a は非常に大きな値となり，反対に弱酸であれば K_a は小さな値となるので，K_a は広い範囲の値をとることになる。そこで K_a の逆数の対数である酸解離指数 pK_a（$= -\log_{10} K_a$）で表す。強酸は p$K_a < 0$，弱酸は p$K_a > 0$ である。表 6-1 に各種の酸の解離指数を示す。

同様に，塩基の強さは水分子から水素イオンを引き抜いて共役酸を生じる反応の平衡定数によって表わすことができる。

$$B + H_2O \rightleftarrows BH^+ + OH^-$$

この反応の平衡定数を K_b は塩基解離定数と呼ばれる。

$$K_b = [BH^+][OH^-] / [B],$$

K_b の逆数の対数である塩基解離指数 pK_a（$= -\log_{10} K_b$）の大きさで塩基の強さを表すことが可能になる。

表6-1 おもな酸の酸解離指数 (pKa, 25°, 水中)

酸の名称	酸	pKa1	pKa2	pKa3
ヨウ化水素酸	HI	−9.5		
過塩素酸	HClO$_4$	−7.3		
臭化水素酸	HBr	−9		
塩酸	HCl	−6.1		
硝酸	HNO$_3$	−1.34		
塩素酸	HClO$_3$	−2.7		
硫酸	H$_2$SO$_4$	−3	1.92	
セレン酸	H$_2$SeO$_4$	−3	2.05	
ヨウ素酸	HIO$_3$	0.77		
シュウ酸	(COOH)$_2$	1.27	4.27	
リン酸	H$_3$PO$_4$	1.83	6.43	11.46
亜硫酸	H$_2$SO$_3$	1.90	6.79	
亜塩素酸	HClO$_2$	1.7		
ヒ酸	H$_3$AsO$_4$	2.24	6.94	11.50
亜セレン酸	H$_2$SeO$_3$	2.61	8.05	
テルル化水素	H$_2$Te	2.64	11	
フッ化水素酸	HF	2.67		
亜硝酸	HNO$_2$	3.15		
ギ酸	HCOOH	3.54		
セレン化水素	H$_2$Se	3.81	15.0	
酢酸	CH$_3$COOH	4.76		
炭酸	H$_2$CO$_3$	6.11	9.87	
硫化水素	H$_2$S	7.02	13.9	
次亜塩素酸	HClO	7.53		
次亜臭素酸	HBrO	8.59		
メタ亜ヒ酸	HAsO$_2$	9.14		
ホウ酸	H$_3$BO$_3$	9.24		
次亜ヨウ素酸	HIO	10.64		

　ブレンステッド酸の酸としての強弱は水素イオンの放出のしやすさにより決まるので，HAの結合の強さと酸の間に関係が認められる。

　代表的なブレンステッド酸である水素酸では，中心イオンに直接結合した水素原子が解離して水素イオンになる。16族の元素に水素が結合している H$_2$O, H$_2$S, H$_2$Se, H$_2$Te では，水素との結合エネルギーは周期表で下に行くほど小さくなり，水素イオンが放出されやすくなる。したがって，酸の強さは，H$_2$O < H$_2$S < H$_2$Se < H$_2$Te となる。

> **例題 6−1**
> H_2SO_4, H_2SeO_4, H_2TeO_4 を酸解離定数の大きい順にならべ，その理由を述べよ。

> **解**
> $H_2SO_4 > H_2SeO_4 > H_2TeO_4$。オキソ酸では，中心原子 X にヒドロキシ基とオキソ基が結合していて，ヒドロキシ基についた水素が放出され水素イオンとなる。中心原子に結合しているヒドロキシ基とオキソ期の数が同じ場合は，中心原子の電気陰性度が大きいほど強酸となる。

6−3 ルイス酸・塩基

　ルイス (Lewis) は，1923 年に，「酸とは電子対を受け取る分子・イオン電子対受容体であり，塩基とは電子対を与える分子・イオン電子対供与体である。」という定義を与えた。ルイスの定義に従う酸，塩基は，ルイス酸，ルイス塩基と呼ばれる。この定義だと，ブレンステッドとローリーの定義を特別な場合として含むことになる。したがって，ブレンステッド酸とブレンステッド塩基はルイス酸性およびルイス塩基性を示す。

　H^+（プロトン）は電子対を受容し，ルイス酸になる。

$$H^+ + :OH_2 \longrightarrow H_3O^+$$
$$H^+ + :NH_3 \longrightarrow NH_4^+$$

$:OH_2$, $:NH_3$ は，電子対供与体であり，ルイス塩基となっている。また，OH^- などのような塩基も電子対供与体とみなすことができる。

$$H^+ + :OH^- \rightleftarrows H:OH$$

　ルイスの定義の最も重要な点は，プロトンが含まれないような多くの系を対象とすることを可能にした点にある。たとえば，三フッ化ホウ素は，アンモニアと配位結合を形成する。

$$BF_3 + NH_3 \longrightarrow H_3N:BF_3$$

この場合，BF_3 がルイス酸，NH3 がルイス塩基である。ルイスの定義によれば，通常の配位子はすべて塩基とみなすことができる。金属錯体の生成では，中心金属がルイス酸，配位子がルイス塩基となる。

$$Cu^{2+} + 4\,NH_3 \longrightarrow [Cu(NH_3)_4]^{2+}$$
$$Ni + 4\,CO \longrightarrow Ni(CO)_4$$

例題 6-2

次のそれぞれの反応において，ルイス酸とルイス塩基はどれか答えよ。

(1)　$B(CH_3)_3 + (CH_3)_2NH \longrightarrow (CH_3)_3BNH(CH_3)_2$

(2)　$I^- + I_2 \longrightarrow I_3^-$

(3)　$SO_3 + O(CH_3)_2 \longrightarrow O_3SO(CH_3)_2$

(4)　$BrF_3 + SbF_5 \longrightarrow [BrF_2][SbF_6]$

(大阪大学大学院理学研究科化学入試問題 (1),(2)：平成23年度，(3),(4)：平成14年度)

解

(1)　$B(CH_3)_3$(ルイス酸)，$(CH_3)_2NH$(ルイス塩基)

(2)　I^-(ルイス塩基)，I_2(ルイス酸)

(3)　SO_3(ルイス酸)，$O(CH_3)_2$(ルイス塩基)

(4)　BrF_3(ルイス塩基)，SbF_5(ルイス酸)

6-4　硬い酸・塩基と軟らかい酸・塩基

　ルイス酸・塩基の場合，ブレンステッド酸・塩基と異なり，酸・塩基の強さの一律な尺度は存在しない。

　金属イオンがハロゲン化物イオンと錯体を形成するとき，錯形成のしやすさに関して，3つの群に分類できる。最初の群をa群とすると，a群に属するAl^{3+}などの金属はハロゲン化物イオンと$F^- > Cl^- > Br^- > I^-$の順で錯形成しやすく，F^-との錯体が最も安定である。ところが，Pt^{2+}，Cu^+，Ag^+，Hg^{2+}などの金属イオンは逆に$F^- < Cl^- < Br^- < I^-$の順に錯形成しやすく，I^-との錯体が最も安定であり。この群をb群とする。

　ピアソンは，1958年に反応のしやすさを一般化し，a群，b群に属する金属イオンを，それぞれ，硬い酸，軟らかい酸と名付けた。また，a群に属する硬い酸と親和性の強いF^-やO，Nのような塩基を硬い塩基，b群に属する軟らかい酸と親和性の強いI^-やS，Pのような塩基を軟らかい塩基と名付けた。硬い酸は硬い塩基と親和性があり，軟らかい酸は軟らかい塩基と親和性がある。硬い酸の代表としては，アルカリ金属イオン，アルカリ土類金属イオン，電荷の高い軽い金属イオンがあげられ，軟らかい酸としては重い遷移金属イオン，低原子価金属イオンがあげられる。表6-2に，主な硬い酸・塩基，軟らかい酸・塩基，その中間的な性質をもつもの3つの分類を示した。

　硬いと言われるのは，比較的サイズが小さく，分極しにくい酸・塩基であり，軟らかいのは大きくて，分極しやすい酸・塩基である。このような硬い酸・塩基および軟らかい酸・塩基（hard and soft acids and bases）の概念は，その頭文字を取って，HSAB則として

酸の分類に使われてきた。

表6-2 代表的な硬い酸・塩基，軟らかい酸・塩基

	硬い	中間	軟らかい
酸	H^+, Li^+, Na^+, K^+, Be^{2+}, Mg^{2+}, Ca^{2+}, Cr^{2+}, Cr^{3+}, Al^{3+}, SO_3, BF_3	Fe^{2+}, Co^{2+}, Ni^{2+}, Cu^{2+}, Zn^{2+}, Pb^{2+}, SO_2, BBr_3	Cu^+, Au^+, Ag^+, Tl^+, Hg^+, Pd^{2+}, Cd^{2+}, Pt^{2+}, Hg_2^{2+}, BH_3
塩基	F^-, OH^-, H_2O, NH_3, CO_3^{2-}, NO_3^-, O^{2-}, SO_4^{2-}, PO_4^{3-}, ClO_4^-	NO_2^-, SO_3^{2-}, Br^-, N_3^-, N_2, C_6H_5N	H^-, R^-, CN^-, CO, I^-, SCN^-, PR_3, C_6H_6, R_2S

例題6-3

LiI + CsF ⟶ LiF + CsI の反応が進行する理由を，硬い酸・塩基および軟らかい酸・塩基の概念に基づいて述べよ。

(京都大学大学院工学研究科創成化学入試問題　平成25年度)

解

Li^+ と Cs^+ を比較すると，小さい Li^+ は硬い酸に，Cs^+ は軟らかい酸に属する。一方，F^- は硬い塩基，I^- は軟らかい塩基に属する。硬い酸 Li^+ は硬い塩基 F^- と親和性が強く，軟らかい酸 Cs^+ は軟らかい塩基 I^- と親和性が高く，上の反応が進行する。

章 末 問 題

1
(a) 塩素の4種のオキソ酸の名前を記し，その陰イオンの立体構造を図示せよ。
(b) 水溶液中での酸性度の順を示せ。

（名古屋大学大学院理学研究科化学入試問題　平成18年度）

2 NMe_3 との反応において，BF_3，BCl_3，BBr_3 をルイス酸性の強い順に並べよ。また，その理由を説明せよ。

（東京工業大学大学院理工学研究科化学入試問題　平成23年度）

第7章 電気化学 Electrochemistry

屋外に放置した鉄が錆びる，プロパンガスが燃焼する，電池から電気エネルギーを得る。これらは全く異なる反応のように思えるが，全て酸化還元反応という1つの括りでまとめることができる。共通することは，ある物質からもう一方の物質へと電子の受け渡しが行われていることである。本章では，酸化還元反応から電気化学の初歩的な理論，さらには電池や電気分解の基礎について説明する。

7-1 酸化還元反応

原子，分子やイオンが電子を放出することを酸化，逆に電子を受け取ることを還元という。これらは必ず同時に進行し，ある化学種から別の化学種へと電子は受け渡される。これを酸化還元反応という。銅が酸化して酸化銅(Ⅱ)が生成する以下の反応を例に挙げる。

$$Cu + O_2 \longrightarrow CuO$$

ここで，Cu は Cu^{2+} に，O_2 は O^{2-} となる。電子 e^- を使ってそれぞれの反応を書き表すと，以下のようになる。

$$Cu \longrightarrow Cu^{2+} + 2e^- \tag{1}$$

$$O_2 + 4e^- \longrightarrow 2O^{2-} \tag{2}$$

Cu が Cu^{2+} となることで電子を奪われる一方で，O_2 は電子を受け取って O^{2-} となる。つまり，銅と酸素の酸化還元反応は，銅から酸素へと電子が受け渡される反応であると言える。ここで，銅のように自身が酸化されて相手を還元する物質を還元剤，酸素のように自身が還元されて相手を酸化する物質を酸化剤という。反応式 (1) (2) のように，電子 e^- を用いて酸化反応と還元反応に分けて表したものを半反応式という。半反応式は反応前後の物質が明らかであれば，次の①から④の手順で作ることができる。

＜半反応式の作成手順＞
手順①　左辺に反応前の物質（イオン），右辺に反応後の物質（イオン）を書く。このとき，

HとO以外の元素の数があうよう係数をつける。
手順②　両辺の酸素の数を H_2O で合わせる。
手順③　両辺の水素の数を H^+ で合わせる。
手順④　左辺と右辺それぞれに含まれる物質の電荷の和を e^- で合わせる。

酸化還元滴定によく用いられる過マンガン酸カリウム（$KMnO_4$）は硫酸酸性条件において，強い酸化剤としてはたらく。このとき，溶液の赤紫色を示す MnO_4^- が無色の Mn^{2+} となる。上記の手順に従い半反応式を組み立てると次のようになる。

手順①　$MnO_4^- \longrightarrow Mn^{2+}$

手順②　$MnO_4^- \longrightarrow Mn^{2+} + 4H_2O$

手順③　$MnO_4^- + 8H^+ \longrightarrow Mn^{2+} + 4H_2O$

手順④　$MnO_4^- + 8H^+ + 5e^- \longrightarrow Mn^{2+} + 4H_2O$ 　　　　　　(3)

過酸化水素（H_2O_2）は還元剤として働く場合，その半反応式は次のように表わされる。

$$H_2O_2 \longrightarrow O_2 + 2H^+ + 2e^- \tag{4}$$

したがって，過酸化水素水を過マンガン酸カリウムで滴定した場合，(3)×2＋(4)×5より電子を消去した形で表わすことができる。

$$2MnO_4^- + 5H_2O_2 + 6H^+ \longrightarrow 2Mn^{2+} + 5O_2 + 8H_2O \tag{5}$$

これをイオン反応式という。ここで，左辺のイオンがもともと何であったかを考え，両辺に共通イオンを加えて完全な化学反応式を得る。反応式（5）においては，過マンガン酸イオンがカリウム塩であったこと，また硫酸酸性条件下であることを考慮すると次のようになる。

$$2KMnO_4 + 5H_2O_2 + 3H_2SO_4 \longrightarrow 2MnSO_4 + 5O_2 + 8H_2O$$

一般的な化学反応式の形となり，これを酸化還元反応式という。一方，中性あるいは塩基性条件下においては，両辺に水酸化物イオンを加えて，水素イオンを水へと変換する。

酸化還元反応を捉える上では酸化数の考え方も有用である。酸化数とは，H_2 や Na など単体の中の原子においては 0，化合物中の酸素では -2，水素は $+1$ として定められた数である。Na^+ のような単原子イオンであれば，そのイオンの価数が酸化数に等しく，Na^+ では $+1$ となる。また，電気的に中性な化合物であれば，その中に含まれる原子の酸化数の和は 0 となる。たとえば，MgO であれば，O の酸化数は -2，Mg の酸化数は $+2$ となる。一方，MnO_4^- のような多原子イオンでは，その中に含まれる原子の酸化数の和が価数と等しくなる。つまり，O の酸化数は -2 であることから，Mn の酸化数は $+7$ ということになる。ここで，Mn^{2+} では Mn の酸化数 $+2$ であることを考慮すると，MnO_4^- から Mn^{2+}

第7章 電気化学

への還元反応において、Mnの酸化数は+7から+2へと減少したこととなる。すなわち、還元反応とは酸化数が減少する反応を表し、逆に酸化反応であれば酸化数は増加する。また、半反応式を見れば明らかであるが、この酸化数の減少分は、Mnが得た電子数に相当する。したがって、反応前後における酸化数の増減を捉えることができれば、反応に関与した電子数を求めることができ、半反応式を作成することも可能である。しかしながら、シュウ酸のような物質では酸化数をやや捉えにくい側面もある。例題7-1には酸化数に着目した半反応式の作成方法も示したので、自身の手で確かめてみてほしい。

例題7-1
シュウ酸（$H_2C_2O_4$）は還元剤として働くと二酸化炭素となる。(1) このときの半反応式を記せ。また、(2) シュウ酸を過マンガン酸カリウム水溶液を用いて硫酸酸性条件で滴定した場合のイオン反応式と酸化還元反応式を記せ。

解 (1)
手順①　$H_2C_2O_4 \longrightarrow 2CO_2$
手順③　$H_2C_2O_4 \longrightarrow 2CO_2 + 2H^+$
手順④　$H_2C_2O_4 \longrightarrow 2CO_2 + 2H^+ + 2e^-$ 　　　　　　(6)

(3)×2+(6)×5より電子を消去すると

イオン反応式：$2MnO_4^- + 5H_2C_2O_4 + 6H^+ \longrightarrow 2Mn^{2+} + 10CO_2 + 8H_2O$

硫酸酸性条件ことを考慮して

全反応式：$2KMnO_4 + 5H_2C_2O_4 + 3H_2SO_4 \longrightarrow 2MnSO_4 + 10CO_2 + 8H_2O$

(2)
$H_2C_2O_4$ に含まれる炭素原子の酸化数を x とすると、$x \times 2 + (-2) \times 4 + 1 \times 2 = 0$ より $x = +3$ である。
一方で、CO_2 に含まれる炭素原子の酸化数は+4である。$H_2C_2O_4$ に含まれる二つの炭素原子がそれぞれ酸化数+3から+4となるには、電子を2個失えばよい。したがって

$H_2C_2O_4 \longrightarrow 2CO_2 + 2e^-$

左辺と右辺の電荷の和を H^+ であわせると

$H_2C_2O_4 \longrightarrow 2CO_2 + 2H^+ + 2e^-$

さらに、HとOの数が両辺であってないようであれば、H_2O を加えてあわせればよい。

7－2　電池と起電力

　酸化還元反応によって発生するエネルギーを電気エネルギーとして取り出すものを電池という。図7－1に示すダニエル電池（Daniell cell）は，硫酸亜鉛（Ⅱ）水溶液に浸した亜鉛板と硫酸銅（Ⅱ）水溶液に浸した銅板を導線でつないだものであり，また二つの水溶液の間は素焼き板で仕切られており，イオンのみが移動できる。このダニエル電池では，ZnがZn^{2+}へと酸化される一方で，Cu^{2+}がCuへと還元されることにより，反応が進行する。

$$Zn \longrightarrow Zn^{2+} + 2e^-$$
$$Cu^{2+} + 2e^- \longrightarrow Cu$$

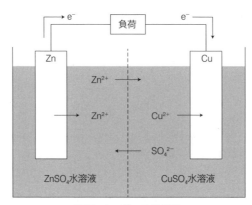

図7－1　ダニエル電池

　これにより，Zn側では陽イオンが陰イオンに比べて多くなり，逆にCu側では陰イオンが陽イオンに比べて多くなる。この不均衡を解消するために，素焼き板を通って，Zn^{2+}がCu側へ，SO$_4^{2-}$がZn側へと移動する。

　亜鉛板や銅板のように導線との間で電子の出入りがあるところを電極という。そのうち，亜鉛板のように導線へと電子が出て行く電極を負極（anode），銅板のように導線から電子が入ってくる電極を正極（cathode）という。反応式と見比べれば明らかであるが，負極では酸化反応が，正極では還元反応が生じる。また，電池の構成は以下のように表される。

$$Zn\ |\ Zn^{2+}\ |\ Cu^{2+}\ |\ Cu$$

　垂直な一本線"｜"は電極と水溶液の間や，種類の異なる水溶液同士の間などの境目を示しており，負極が左側，正極が右側となるように書き表す。電池の正極と負極の間に電位差計を設置すれば，両電極間の電位差を測定することができ，これを起電力（electromotive force）と呼ぶ。ダニエル電池の場合，起電力は約1.1 Vである。

ダニエル電池においては電極である Zn が溶出して電池反応に関与していたが，Pt や C などの電極を用いた場合，電極それ自体は変化せず，不活性な振る舞いをする。例えば，図7-2 に示した電池では，負極側の Fe 電極は溶出して酸化されるが，正極側の Pt 電極は Fe^{3+} が Fe^{2+} へと還元する電子を渡すのみで自身は変化せず，いわば導線の役割しか果たさない。この場合，電池図式は以下のように表される。

Fe ｜ Fe^{2+} ｜ Fe^{3+}, Fe^{2+} ｜ Pt

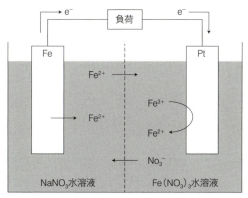

図7-2　電極自身が溶出しない電池の例

同一相内に反応物と生成物の両方が存在する場合には，反応物を左側，生成物を右側に書く。また，成分濃度や，固体，水溶液といった状態を表したい場合には，下のように()を用いて書く。

Zn ｜ Zn^{2+} (1 M) ｜ Cu^{2+} (1 M) ｜ Cu

Zn(s) ｜ Zn^{2+} (aq) ｜ Cu^{2+} (aq) ｜ Cu(s)

例題7-2

以下の表記で表される電池において，正極と負極の半反応式をそれぞれ記せ。

Al ｜ Al^{3+} ｜ Co^{2+} ｜ Co

解

左側が負極，右側が正極であるので

負極：Al $\longrightarrow$ Al^{3+} + 3e^-

正極：Co^{2+} + 2e^- $\longrightarrow$ Co

7－3　標準電極電位

化学物質には，酸化されやすいもの（電子を放出する傾向が強いもの）と還元されやすいもの（電子を受け取る傾向が強いもの）がある。こうした電子の授受に関する傾向を定量的に評価したものとして，標準電極電位（standard electrode potential）がある。標準電極電位は単独で測定することはできず，基準となる電極と組み合わせて構成した電池において，反応に関与する物質の濃度（厳密には活量だが簡単のため濃度と同じとして扱う）が 1 M（気体の場合は 1 atm）となる 25 ℃の標準状態での起電力を表す。基準電極には図 7－3 に示す標準水素電極（standard hydrogen electrode，SHE）が用いられ，その電位を 0 V と規定する。標準水素電極は，水素イオンの濃度が 1 M である水溶液に白金を浸し，1 atm の水素ガスを飽和させたものである。

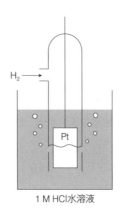

図 7－3　標準水素電極

電池は負極と正極の 2 つの要素から構成される。ダニエル電池を例に挙げると Zn^{2+} ｜ Zn と Cu^{2+} ｜ Cu の 2 つの要素に分けることができ，そのそれぞれを半電池（half cell）と呼ぶ。それぞれの半電池がもつエネルギーは標準水素電極と電池を構成した場合の起電力により，標準電極電位として決定することができる。銅板と濃度が 1 M の硫酸銅（Ⅱ）水溶液の部分を標準水素電極と組み合わせた下記の場合，その電池の起電力は 0.34 V となる。

　　Pt，H_2(1 atm)｜H^+(1 M)｜Cu^{2+}(1 M)｜Cu

これより，Cu^{2+}｜Cu の標準電極電位，$E°_{Cu^{2+}|Cu}$ = 0.34 V となる。表 7－1 に種々の半電池の標準電極電位を示す。電子は負電荷であるため，負の電位から正の電位へと移動する向きが自発的である（逆に，電流は電位の高い方から低い方へと流れる）。すなわち，この表の上位にあるものほど電子を受け取りやすく（還元されやすく），下位にあるものほど電子を放出しやすい（酸化されやすい）。ダニエル電池を例に考えれば，図 7－4 のようになる。標準電極電位の高いものから低いものへと電子が移動するよう反応が生じるた

め，Zn では電子を放出するよう左向きに，Cu では電子を受け取るよう右向きに進行する。また，Zn^{2+} | Zn の標準電極電位は -0.76 V，Cu^{2+} | Cu の標準電極電位は 0.34 V であることから，負極の電位から正極の電位を差し引くことで起電力が求められ，$+0.34-(-0.76) = 1.10$ V となる。反応に関与する物質の濃度が 1 M である標準状態の電池の起電力は標準起電力（standard electromotive force）と呼ばれており，その両極の標準電極電位の差をとることで求められる。標準電極電位が高い（イオン化傾向の小さい）ものは電気化学的に貴，逆に標準電極電位が低い（イオン化傾向の大きい）ものは電気化学的に卑であるとも言う。

表7−1　標準電極電位（25 ℃，対 SHE）

半反応式	$E°$ / V	半反応式	$E°$ / V
$K^+ + e^- \rightleftharpoons K(s)$	−2.94	$Sn^{4+} + 2e^- \rightleftharpoons Sn^{2+}$	0.15
$Ca^{2+} + 2e- \rightleftharpoons Ca(s)$	−2.87	$Ni^{2+} + 2e^- \rightleftharpoons Ni(s)$	0.24
$Na^+ + e^- \rightleftharpoons Na(s)$	−2.71	$Cu^{2+} + 2e^- \rightleftharpoons Cu(s)$	0.34
$Mg^{2+} + 2e^- \rightleftharpoons Mg(s)$	−2.37	$O_2(g) + 2H_2O + 4e^- \rightleftharpoons 4OH^-$	0.40
$Al^{3+} + 3e^- \rightleftharpoons Al$	−1.68	$Cu^+ + e^- \rightleftharpoons Cu(s)$	0.52
$2H_2O + 2e^- \rightleftharpoons 2OH^- + H_2(g)$	−0.83	$O_2(g) + 2H^+ + 2e^- \rightleftharpoons H_2O_2(aq)$	0.68
$Zn^{2+} + 2e^- \rightleftharpoons Zn(s)$	−0.76	$Fe^{3+} + e^- \rightleftharpoons Fe^{2+}$	0.77
$2CO_2(g) + 2H^+ + 2e^- \rightleftharpoons H_2C_2O_4(aq)$	−0.49	$Ag^+ + e^- \rightleftharpoons Ag$	0.80
$Fe^{2+} + 2e^- \rightleftharpoons Fe(s)$	−0.44	$Br_2(aq) + 2e^- \rightleftharpoons 2Br^-$	1.09
$PbSO_4(s) + 2e^- \rightleftharpoons Pb(s) + SO_4^{2-}$	−0.36	$O_2(g) + 4H^+ + 4e^- \rightleftharpoons 2H_2O(l)$	1.23
$Co^{2+} + 2e^- \rightleftharpoons Co(s)$	−0.29	$Cr_2O_7^{2-} + 14H^+ + 6e^- \rightleftharpoons 2Cr^{3+} + 7H_2O$	1.29
$Sn^{2+} + 2e^- \rightleftharpoons Sn(s)$	−0.14	$Cl_2(g) + 2e^- \rightleftharpoons 2Cl^-$	1.36
$Pb^{2+} + 2e^- \rightleftharpoons Pb(s)$	−0.13	$MnO_4^- + 8H^+ + 5e^- \rightleftharpoons Mn^{2+} + 4H_2O$	1.51
$2H^+ + 2e^- \rightleftharpoons H_2$	0.00	$Au^+ + e^- \rightleftharpoons Au$	1.68
$Cu^{2+} + e^- \rightleftharpoons Cu^+$	0.15	$PbO_2 + SO_4^{2-} + 4H^+ + 2e^- \rightleftharpoons PbSO_4 + 2H_2O$	1.69

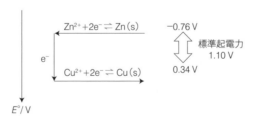

図7−4　酸化還元反応における標準電極電位と標準起電力の関係

またこれは電池に限らず，通常の溶液中での反応などにも適用できる。金属のイオン化傾向の大小も，この標準電極電位の高低に対応する。たとえば，硫酸酸性条件における過マンガン酸カリウムと過酸化水素の反応も，$E°_{MnO_4^-|Mn^{2+}} = 1.51$ V と $E°_{O_2|H_2O_2} = 0.68$ V であることから，過マンガン酸カリウムが還元され，過酸化水素が酸化されることは十分に予測できる。このように，酸化還元反応はその系を構成する半反応式の標準電極電位を比較することで，どのように進行するかを予測することが可能である。

> **例題 7-3**
> 以下の表記で表わされる電池の起電力を答えよ。
>
> Al ｜ Al^{3+} (1 M) ｜ Co^{2+} (1 M) ｜ Co

解

表 7-1 より，Al ｜ Al^{3+} の標準電極電位は -1.68 V，Co ｜ Co^{2+} の標準電極電位は 0.29 V であることから

$$-0.29-(-1.68)=1.39\ \mathrm{V}$$

> **例題 7-4**
> 標準状態で Pb^{2+} による Ag あるいは Zn の酸化反応が生じるかどうかをそれぞれ予測せよ。ただし，それぞれの酸化還元反応式（全反応式）を示し，表 7-1 を参照して標準起電力 $E°$ を算出すること。

解

表 7-1 において，Ag の標準電極電位は Pb よりも高い。

$$\mathrm{Pb^{2+}(aq)+2e^-\longrightarrow Pb(s)}\quad E°_{\mathrm{Pb^{2+}|Pb}}=-0.13\ \mathrm{V}$$
$$\mathrm{Ag^+(aq)+e^-\longrightarrow Ag(s)}\quad E°_{\mathrm{Ag^+|Ag}}=0.80\ \mathrm{V}$$
$$\mathrm{Pb^{2+}(aq)+2Ag(s)\longrightarrow Pb(s)+2Ag^+(aq)}\quad E°=-0.13-0.80=-0.93\ \mathrm{V}$$

Pb^{2+} による Ag の酸化の標準起電力 $E°$ は負となり，自発的に酸化反応は生じない。

一方，Zn の標準電極電位は表 7-1 において Pb^{2+}(aq) より低い。

$$\mathrm{Pb^{2+}(aq)+2e^-\longrightarrow Pb(s)}\quad E°_{\mathrm{Pb^{2+}|Pb}}=-0.13\ \mathrm{V}$$
$$\mathrm{Zn^{2+}(aq)+2e^-\longrightarrow Zn(s)}\quad E°_{\mathrm{Zn^{2+}|Zn}}=-0.76\ \mathrm{V}$$
$$\mathrm{Pb^{2+}(aq)+Zn(s)\longrightarrow Pb(s)+Zn^{2+}(aq)}\quad E°=-0.13-0.76=0.63\ \mathrm{V}$$

Pb^{2+} による Zn の酸化の標準起電力 $E°$ は正となり，自発的に酸化反応は生じる。

7-4 ネルンストの式

電極電位は反応に関与する物質の活量に依存する。たとえば，酸化体を Ox，還元体を Red とした次の半反応式において，その電極電位 E はネルンストの式（Nernst equation）で表される。

$$\text{Ox} + ne^- \longrightarrow \text{Red}$$

$$E = E° + \frac{RT}{nF}\ln\frac{[\text{Ox}]}{[\text{Red}]}$$

ここで $E°$ は標準電極電位，n は反応電子数，F はファラデー定数（9.65×10^4 C mol^{-1}），R は気体定数（8.314 J K^{-1} mol^{-1}），T は温度，また[Ox]，[Red]は酸化体，還元体の濃度（気体の場合は圧力）を示す。また，Zn^{2+} | Zn や Cu^{2+} | Cu のような金属電極 M^{n+} | M では，[M]を1として取り扱うことで，ネルンストの式は以下の形となる。

$$M^{n+} + ne^- \longrightarrow M$$

$$E = E° + \frac{RT}{nF}\ln[M^{n+}]$$

ここで，[M^{n+}]は金属イオン M^{n+} の溶液中における濃度である。

> **例題7－5**
> Zn^{2+} | Zn (0.1 M) の 25 ℃における電極電位を求めよ。なお，標準電極電位の値は表7－1を参考にすること。
>
> **解**
> ネルンストの式より
> $$E_{Zn^{2+}|Zn} = E°_{Zn^{2+}|Zn} + \frac{RT}{nF}\ln[Zn^{2+}]$$
> $$= -0.76 + \frac{8.314 \times 298}{2 \times (9.65 \times 10^4)} \times \ln(1.0) = -0.79 \text{ V}$$

7－5 酸化還元平衡

電池の起電力を測定することは，酸化還元反応の平衡定数を調べる上で役立つ。ここでは，次のような平衡反応を例に考える。

$$\text{Ox}_1 + ne^- \longrightarrow \text{Red}_1 \tag{7}$$

$$\text{Red}_2 \longrightarrow \text{Ox}_2 + ne^- \tag{8}$$

$$\text{Ox}_1 + \text{Red}_2 \longrightarrow \text{Red}_1 + \text{Ox}_2 \tag{9}$$

ネルンストの式より，半反応式（7）と（8）の電極電位は E_1 と E_2 はそれぞれ次のようになる。

$$E_1 = E_1° + \frac{RT}{nF}\ln\frac{[\text{Ox}_1]}{[\text{Red}_1]}$$

$$E_2 = E_2° + \frac{RT}{nF} \ln \frac{[\text{Ox}_2]}{[\text{Red}_2]}$$

電池の起電力 E は E_1 と E_2 の差をとれば求まる。

$$E = E_2 - E_1 = (E_2° - E_1°) + \frac{RT}{nF} \ln \frac{[\text{Red}_1][\text{Ox}_2]}{[\text{Ox}_1][\text{Red}_2]} = E° + \frac{RT}{nF} \ln \frac{[\text{Red}_1][\text{Ox}_2]}{[\text{Ox}_1][\text{Red}_2]}$$

ここで，$E°$ は標準起電力を，K は酸化還元反応の平衡定数を意味する。酸化還元反応が平衡状態になると，電池の起電力 E はゼロとなる。

$$E° = -\frac{RT}{nF} \ln \frac{[\text{Red}_1][\text{Ox}_2]}{[\text{Ox}_1][\text{Red}_2]} = -\frac{RT}{nF} \ln K$$

ゆえに，標準起電力の値から平衡定数を求めることができる。また熱力学においては，反応の標準自由エネルギーの変化量 $\Delta G°$ は以下の式で表される。

$$\Delta G° = -RT \ln K$$

以上のことから

$$\Delta G° = -nFE°$$

$E° > 0$ であれば $\Delta G° < 0$ となり，(9) の反応は左から右の方向へと自発的に進む。電池反応に伴う自由エネルギー変化を全て電気的仕事として利用可能であり，電気化学における基本式の1つである。

例題 7−6

下図の電池において問（1）〜（4）に答えよ。ただし，温度は 25 ℃ とし，必要があれば表を用いても良い。

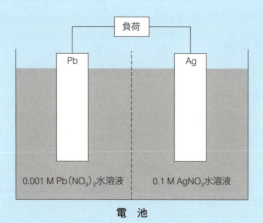

電 池

(1) 電池の起電力を求めよ。
(2) Pb，Ag はそれぞれ正極，負極のどちらか答えよ。

(3) この電池を電池図式で表せ。

(4) 電池反応をイオン反応式で示せ。

(5) (4) で答えた反応の平衡定数を求めよ。

解

(1) まず，ネルンスト式を用いて各電極電位を求める。

$$E_{Pb^{2+}|Pb} = E°_{Pb^{2+}|Pb} + \frac{RT}{nF}\ln[Pb^{2+}]$$

$$= -0.13 + \frac{8.314 \times 298}{2 \times (9.65 \times 10^4)} \times \ln(0.1) = -0.16 \text{ V}$$

$$E_{Ag^+|Ag} = E°_{Ag^+|Ag} + \frac{RT}{nF}\ln[Ag^+]$$

$$= +0.80 + \frac{8.314 \times 298}{1 \times (9.65 \times 10^4)} \times \ln(0.001) = 0.62 \text{ V}$$

(2) 電位が低い方が負極，高い方が正極となるので，銀は負極，鉛は正極である。

(3) Ag | Ag$^+$ (0.1 M) | Pb^{2+} (0.001 M) | Pb

(4) 負極反応：Ag $\longrightarrow$ Ag$^+$ + e$^-$，正極反応：Pb^{2+} + 2e$^-$ $\longrightarrow$ Pb
より，電子を消去して Pb^{2+} + 2 Ag $\longrightarrow$ Pb + 2Ag$^+$

(5) $E° = -\frac{RT}{nF}\ln K$ より，$K = \exp\left(\frac{RT}{nF}E°\right)$ より

$$K = \exp\left\{\frac{nF}{RT}(E°_{Ag^+|Ag} - E°_{Pb^{2+}|Pb})\right\}$$

$$= \exp\left[\frac{2 \times (9.65 \times 10^4)}{8.314 \times 298}\{+0.799 - (-0.126)\}\right] = 1.97 \times 10^{21}$$

例題 7-7

25 ℃，標準状態のダニエル電池の標準起電力は 1.10 V であった。この電池反応における標準自由エネルギー変化を求めよ。

解

ダニエル電池の反応は Zn^{2+} + Cu $\longrightarrow$ Zn + Cu^{2+} で表される 2 電子反応であるので

$$\Delta G° = -nFE° = -2 \times (9.65 \times 10^4) \times 1.10 = -212 \text{ kJ}$$

7-6 実用電池

今日では大小様々な種類の電池が用いられており，生活の必需品となっている。通常，電池は化学反応を利用する化学電池を指しており，酸化還元反応が生じる際の自由エネル

ギー減少分を電気エネルギーへと変換するものである。ここでは，一次電池，二次電池，燃料電池について例をあげながら簡単に述べる。

(1) 一次電池

一次電池（primary battery）とは充電できない使い切りの電池であり，代表的なものとしてはアルカリ乾電池（alkaline dry battery）が挙げられる。図7-5のような構造をしており，亜鉛が負極として働く。炭素棒は正極であるが，実際の反応に関わるのは酸化マンガン（Ⅳ）である。

$$Zn \mid KOH(aq) \mid MnO_2, C$$

詳細な電極反応は複雑であるが，主として次のようになる。

正極：$MnO_2 + 2H_2O + 2e^- \longrightarrow Mn(OH)_2 + 2OH$

負極：$Zn + 2OH^- \longrightarrow Zn(OH)_2 + 2e^-$

全反応：$2MnO_2 + Zn \longrightarrow Zn(OH)_2 + Mn(OH)_2$

電解液にはKOH水溶液が用いられている。KOHは水溶液中においてはK^+とOH^-に電離しており，このように陽イオンと陰イオンに分かれる物質を電解質という。Znが電子を失うことで生成したZn^{2+}がOH^-と結び付く一方で，MnO_2は電子を受け取る際にOH^-を放出する。両極の間で陽イオンと陰イオンの数は常につり合う。負極の亜鉛の酸化反応は不可逆的に生じるため，この電池を充電することは不可能である。無理に充電すると発熱などにより容器の密閉性が劣化し，内部のKOH水溶液が漏れ出てくる恐れがあるため大変危険である。

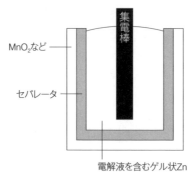

図7-5 アルカリ乾電池

(2) 二次電池

二次電池（secondary battery）は充電して繰り返し使用することができる電池である。代表的なものとしては，自動車に搭載されている鉛蓄電池（lead storage battery）があ

げられる。鉛板と酸化鉛板を電解質である希硫酸に浸した構造をしており，電極反応は次のようになる。

$$正極：PbO_2 + 4H^+ + SO_4^{2-} + 2e^- \longrightarrow PbSO_4 + 2H_2O$$

$$負極：Pb + SO_4^{2-} \longrightarrow PbSO_4 + 2e^-$$

$$全反応：Pb + PbO_2 + 2H_2SO_4 \longrightarrow 2PbSO_4 + 2H_2O$$

起電力は 2.0 V 程度である。電極反応によって正極と負極のいずれにも硫酸鉛が生成するため，放電時間に応じて電極の重量は増す。充電の際にはアルカリ電池と同様に水の電気分解も生じるが，排気弁が取り付けられており，そこから排出する。また充電の度に水が消費されてしまうので，純水を供給する必要がある。近年では，密閉化した鉛蓄電池も開発されており，発生する水素ガスと酸素ガスを触媒の作用で水へ戻すなどの工夫がなされている。

(3) 燃料電池

これまでに紹介したアルカリ乾電池や鉛蓄電池は，燃料となる物質を電池本体の中に内蔵するものであった。一方で，燃料電池（fuel cell）は燃料となる物質を外部から連続的に供給することで発電する電池であり，発電装置として捉えた方が理解はしやすいかもしれない。代表的なものとしては，水素と酸素を燃料としたアルカリ型燃料電池（alkaline fuel cell）が挙げられ，排出物が水のみという点からクリーンなエネルギー源として注目されている。理論的な起電力は 1.23 V である。その構造は図 7-6 に示したように，多孔質電極によって強塩基性の電解質溶液が挟まれたものとなっている。各反応を示すと次のようになる。

$$正極：1/2 O_2 + H_2O + 2e^- \longrightarrow 2OH^-$$

$$負極：H_2 + 2OH^- \longrightarrow 2H_2O + 2e^-$$

$$全反応：H_2 + 1/2 O_2 \longrightarrow H_2O$$

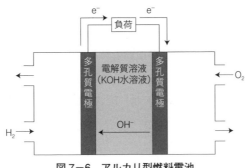

図7-6 アルカリ型燃料電池

例題 7–8

水素—酸素燃料電池の電解質溶液には，強塩基性の溶液ではなくリン酸が用いられる場合もある。このリン酸型の燃料電池における，正極，負極，全反応の反応式をそれぞれ示せ。

解

正極：$1/2 O_2 + 2H^+ + 2e^- \longrightarrow H_2O$

負極：$H_2 \longrightarrow 2H^+ + 2e^-$

全反応：$H_2 + 1/2 O_2 \longrightarrow H_2O$

正極，負極それぞれの半反応式両辺に $2OH^-$ を加えると，アルカリ型燃料電池の式に一致する。

7–7 電気分解

電池では，自発的な酸化還元反応にともなって放出されるエネルギーを電気エネルギーとして取り出す。これとは逆に電気エネルギーを与え，強制的に自発的ではない反応を進ませることを電気分解（electrolysis）という。電気分解においては，電池の正極と接続した陽極（anode）において酸化反応が，負極と接続した陰極（cathode）では還元反応が生じる。たとえば，食塩水を電気分解すると，水酸化ナトリウムと水素と塩素が得られる。この電解槽の構成について，イオン交換膜法によるものを例に示す。水酸化ナトリウムの工業的な製造方法として知られるものであり，陽極，負極および全反応の式は以下のようになる。

陰極：$2H_2O + 2e^- \longrightarrow 2OH^- + H_2$

陽極：$2Cl^- \longrightarrow Cl_2 + 2e^-$

全反応：$2NaCl + 2H_2O \longrightarrow 2NaOH + Cl_2 + H_2$

陰極側では，OH^- が生成し，陽極側では Cl^- が消費されていく。そのため，電荷のバランスを保つために，イオン交換膜を通過できる Na^+ が陽極側から陰極側へと移動する。したがって，陰極側には Na^+ と OH^- が濃縮される形となり，高濃度の NaOH 水溶液が得られる。

反応に関与した電子の物質量 n（mol）は，流れた電流の強さ I（A）と電流の流れた時間 t（s）により，求められる。

$$n = \frac{I \times t}{F} = \frac{It}{9.65 \times 10^4}$$

食塩水電解のように陽極に不活性な電極（Pt や C など）を使用した場合，陽極では電

解質溶液中の陰イオンや水が電子を放出する酸化反応が生じる。反応の生じやすさは標準電極電位に従い，たとえば次の通りとなる。

$Cl^- > OH^-$（塩基性溶液の場合）$> H_2O$

また，Ptとは異なる金属Mの電極を使用した場合，その金属M自身が溶出する。

$M \longrightarrow M^{n+} + ne^-$

一方，陰極では電極自身が溶出することはなく，電解質溶液中の陽イオンが電子を受け取る還元反応が生じる。標準電極電位の大きいものほど還元反応が起こりやすい。

$M^{n+} + ne^- \longrightarrow M$

標準電極電位が0V以下の陽イオンを含む酸性溶液中では，水素が発生する。

$2H^+ + 2e^- \longrightarrow H_2$

また，Na，K，Ca，Alといった標準電極電位が低い陽イオンを含む水溶液中では，溶媒の水分子を還元する反応が生じる。

陰極：$2H_2O + 2e^- \longrightarrow 2OH^- + H_2$

工業においては，電解製錬などにも応用されている。銅の電解製錬を例題7-10に用意したので，そちらで学習してほしい。

例題7-9

陽極，陰極の両方に白金電極を用いて，塩酸の電気分解を行った。陽極，陰極で起こる変化をそれぞれ反応式で示せ。

解

陽極：$2Cl^- \longrightarrow Cl_2 + 2e^-$

陰極：$2H^+ + 2e^- \longrightarrow H_2$

例題7-10

配線用途などに用いられる高純度の銅は，一般に乾式法によって得られる純度約99%の粗銅を，電解精製法により精製することによって製造される。銅の電解精製は硫酸銅水溶液中で行われ，粗銅を陽極として電解溶出し，陰極に高純度の銅を電解析出させる。粗銅中に含まれる不純物のうち，銅より電気化学的に貴な［　ア　］などは陽極中に残留し，最終的には陽極から脱落して電解層の底部にたまる。これを［　イ　］と呼び，［　ア　］などの原料として回収，利用される。一方，粗銅中の不純物のうち，銅より電気化学的に卑な［　ウ　］などは溶液中

に溶出するものの，陰極には銅より電解析出しにくい。ただし，[ウ]などは電解を続けると溶液中に蓄積して陰極に銅とともに電解析出するようになる。これを避けるため，溶液中に溶け出した[ウ]などは別途できるだけ除去する。

(1) 上の文中の[ア]，[イ]，[ウ]に当てはまる言葉を下の語群から選んで答えよ。

【語群】スラッジ，アノードスライム，デンドライド，金，ニッケル，酸素，水素

(2) 銅が2価のイオンとして陽極から電解溶出し，再び陰極に電解析出するとした場合の，陽極，陰極での電極反応式をそれぞれ答えよ。

(3) 銅1.0 gを電解精製するのに必要な電気量を求めよ。ただし，銅の原子量は63.5，ファラデー定数は 9.65×10^4 C mol^{-1} とし，電流効率は100％とする。

(豊橋技術科学大学 第3年次入学者選抜学力検査問題 平成20年度)

解

(1) ア：金，イ：アノードスライム，ウ：ニッケル

(2) 陽極：Cu（粗銅） $\longrightarrow$ Cu^{2+} + 2e$^-$

陰極：Cu^{2+} + 2e$^-$ $\longrightarrow$ Cu（純銅）

(3) ファラデーの法則を用いる。必要な電気量を Q とおくと

$$\frac{Q}{9.65 \times 10^4} \times \frac{1}{2} = \frac{1.0}{63.5}$$

∴ $Q = 3.04 \times 10^3$ C

章末問題

1 二クロム酸カリウム（$K_2Cr_2O_7$）を硫酸酸性条件で過酸化水素と反応させた。このとき，二クロム酸イオンはクロム（Ⅲ）イオン（Cr^{3+}）に還元され，過酸化水素は酸素へと酸化される。それぞれの半反応式，イオン反応式，酸化還元反応式を記せ。

2 過マンガン酸カリウムを中性条件で過酸化水素と反応させた。このとき，過マンガン酸イオンは酸化マンガン（Ⅳ）（MnO_2）へと変化する。それぞれの半反応式，イオン反応式，酸化還元反応式を記せ。

3 以下の表記で表される電池において，正極と負極の半反応式をそれぞれ記せ。

$$Pt\ |\ Sn^{2+},\ Sn^{4+}\ |\ Ag^+\ |\ Ag$$

4 水道水には殺菌のため次亜塩素酸（HClO）などが含まれている。しかし，水槽で魚を飼育したりする場合は，次亜塩素酸などが悪影響を及ぼすため，チオ硫酸ナトリウム（$Na_2S_2O_3$）などを加えて，次亜塩素酸などを還元する必要がある。以下の問いに答えよ。

(1) 次亜塩素酸が塩化物イオンに還元される半反応式を書け。

(2) チオ硫酸イオンは次亜塩素酸との反応では硫酸イオンにまで酸化される。チオ硫酸イオンが硫酸イオンに酸化される半反応式を書け。

(3) 次亜塩素酸とチオ硫酸ナトリウムとの反応式を書け。

（大阪府立大学工業高等専門学校（応用化学コース）専攻科入試問題　平成26年度）

5

(1) 硫酸銅（Ⅱ）水溶液に鉄の板をいれた時におこる現象とその化学反応式を記せ。

(2) (1)で示された反応を利用し，電池を作ることができる。この電池の構造の例を図示せよ。ただし，電子が流れる向きを明記すること。

(3) (2)で作った電池から，1.0 mAで100秒間電流を取り出したとき，正極側で析出した銅の質量を求めよ。ただし，銅の原子量は63.5，電子1個の電気量は，-1.6×10^{-19} Cとする。

6

(1) 反応物中におけるある元素の酸化数の増加と減少が同時に起こることを不均化という。以下に示す半電池反応式を用いて，Fe^{2+}の不均化の反応式を書け。

$$Fe^{2+} + 2e^- \rightarrow Fe \qquad E° = -0.44\ V$$
$$Fe^{2+} \rightarrow Fe^{3+} + e^- \qquad E° = +0.77\ V$$

(2) (1)のFe^{2+}の不均化が標準状態で進行するかを，式(3)，(4)とともに与えられている標準電極電位 $E°$ を用いて判定せよ。

（東京工業大学学部編入学試験問題　平成26年度）

7 2つの電極がそれぞれ金属原子A，Bで構成されている電池の反応が次のように表わされる。

$$A^{3+}(aq) + B(solid) \longrightarrow A(solid) + B^{3+}(aq)$$

溶液中のイオン濃度が十分希薄であるとき，以下の問に答えよ。

(1) 電池の起電力 E をネルンスト式で表せ。$E°$ を標準起電力，R を気体定数，T を温度，F をファラデー定数とし，各成分の濃度は $[A^+]$ のように大カッコを用いて示せ。

(2) 反応が完全に平衡に達したときの電池の起電力を答えよ。

(3) 平衡に達した後の平衡定数 K を $E°$，R，T，F を用いて表せ。

第8章　無機材料　Inorganic material

　無機材料はそれぞれの特性により，広範な応用分野で使用されている。数多くある無機材料のうち，電気伝導に関わる材料について，その原理と身近な応用例を示す。また，今後の勉強のてがかりになるよう，その他の無機材料に関する発展問題を取り上げた。

8－1　半導体の応用
8－1－1　真性半導体と不純物半導体

　4－1－2で述べたように，高純度のSi結晶半導体においては，伝導帯に存在する電子はすべて価電子帯から励起されたものである。したがって，伝導帯の電子の数n_eと価電子帯の正孔の数n_hは等しい。このように，不純物を含まない半導体を真性半導体（intrinsic semiconductor）という。

　バンドギャップが大きい半導体は伝導率が低いので，結晶中に不純物を添加してキャリアの濃度を増加させて，伝導率を高めることもある。高純度のSiに微量の不純物を添加した場合を考えることにする。Pのような15属元素を添加した場合，添加されたPはSiと置換し，5個の価電子のうちの4個は，4個の隣接するSiと共有結合を形成するのに用いられる。残りの1個は過剰であるが，この電子は熱エネルギーによって比較的容易に伝導帯に励起され，電気伝導に寄与する。図8－1（a）に示すように，Pのエネルギー準位は伝導帯のすぐ下の禁制帯の中につくられ，ここを過剰の電子が占めている。この電子は熱によりすぐ上の伝導帯に励起され電荷を運ぶ。このように，電子が過剰に存在してそれが電気伝導に寄与する半導体をn型半導体という。また，リンが禁制帯中につくる準位は，電子を供与することができることから，ドナー準位と呼ばれる。Bのように13属元素を添加したときには，価電子帯のすぐ上に空のアクセプター準位がつくられる。アクセプター準位に価電子帯から電子が励起されると，価電子帯に正孔が生成し，キャリアとなる（図8－1（b））。正孔が過剰に存在して電気伝導に寄与する半導体をp型半導体という。n型およびp型半導体を不純物半導体（impurity semiconductor）という。

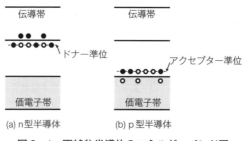

図8-1　不純物半導体のエネルギーバンド図

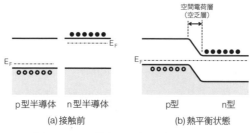

図8-2　pn接合のエネルギーバンド図

8-1-2　pn接合とダイオード

p型半導体とn型半導体を接合した境界（pn接合）付近の電子構造が電気的および光学的に非常に重要な働きをする。図8-2はpn接合のエネルギーバンド構造を表している。図8-2（a）のようにp型と半導体とn半導体ではフェルミ準位の位置が異なっているが，両者が接合されると互いのフェルミ準位の位置を等しくするようにn型領域からp型領域への電子の移動が，p型領域からn型領域への正孔の移動が起こり，電子構造が変化する。このため，図8-2（b）のように接合した界面の付近でバンドが曲がる。この領域のn型側には電子を放出したドナー準位が存在し，p型側には電子を受け取ったアクセプター準位が存在している。ドナー準位から放出された電子とドナー準位から放出された電子とアクセプター準位から放出された正孔はpn接合付近で互いに結合して消滅するので，結果としてドナー準位は正に，アクセプター準位は負に帯電する。接合付近ではこれらの電荷による電場が発生してバンドの曲がりを保つ。バンドの曲がりが存在する領域を空間電荷層あるいは空乏層とよぶ。空間電荷層では電子と正孔の数が等しく，電荷を運ぶ正味の粒子が存在しないため電気抵抗が高い。

このpn接合に外部から電場を加えることを考える。P型半導体を正極に，n型半導体を負極につなぐと，図8-3（a）のようにp型では正孔が負極に向かって移動し，n型では電子が正極に向かって移動するので電流が流れる。また，p型には正極から正孔が流れ込み，n型には負極から電子が流れ込むためキャリアの数は減少せず電流が流れ続ける。この場合の電場の向きを順方向という。逆にn型半導体を正極に，p型半導体を負極に接

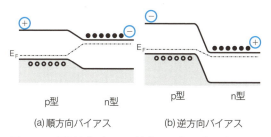

(a)順方向バイアス　　(b)逆方向バイアス

図8-3　電圧印加時のpn接合のエネルギーバンド図

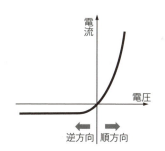

図8-4　pn接合の電圧－電流特性

続すると，図8-3（b）のようにn型電子は正極に引き寄せられ，p型の正孔は負極に引き寄せられて，空間電荷層が大きくなり全体の電気抵抗が上昇して，電流は流れにくくなる。この場合の電場の方向を逆方向という。このため，電圧と電流の関係は模式的に図8-4のように表される。このように一方向にのみ電流を流す性質を整流作用という。また，このような作用をもつpn接合素子を半導体ダイオード（semiconductor diode）という。

　pn接合に，これを構成している半導体のバンドギャップよりも大きいエネルギーを持つ光を照射すると，接合部で吸収された光のエネルギーによりは電子－正孔対が生成する。生成した電子は接合部の電界によってn型領域へ，正孔はp型領域へと分離され，n型領域が負，p型領域が正の起電力が発生する。この現象を光起電力効果といい，太陽電池などに応用されている。

例題8-1

(1) 銅の電気伝導率は温度の上昇とともに低下するが，シリコンの電気伝導率は温度とともに上昇する。両者の差を，キャリアー濃度，キャリア移動度，エネルギーバンドという語彙を用いて説明せよ。

(2) 銅の電気伝導率は純度が低くなると低下するが，シリコンの電気伝導度は，ドナー，アクセプターとなる元素の添加により上昇する。両者の違いが生じる原因を説明せよ。

（東京工業大学大学院理工学研究科（無機材料）入試問題　平成23年度）

解

(1) 電気伝導率 σ は，電子素量 e，キャリア濃度 n，キャリア移動度 μ と，$\sigma = en\mu$ の関係を持つ。

金属の電気伝導のキャリアは自由電子であり，キャリア濃度は温度には依存しない。温度が高くなると，格子振動が大きくなり，キャリアが原子核などに散乱されやすくなり，キャリア移動度が小さくなる。よって，電気伝導度も小さくなる。

半導体のキャリア濃度は，$n = n(0)\exp(-Eg/kT)$（$n(0)$ は定数，Eg はバンドギャップ）のような温度依存性をもつ。温度が上がると熱エネルギーによりバンドギャップを越えて生成した自由電子の数（キャリア濃度）が大きく増加するので，電気伝導度は大きくなる。

(2) 金属の純度が低くなると，自由電子は不純物により散乱されて移動度が小さくなり，電気伝導率が低下する。半導体にドナー，アクセプターとなる元素が添加されると，それぞれ，キャリアとなる電子，ホール濃度が増加するので，電気伝導率が上昇する。

8-2 イオン伝導

無機固体によっては，外部電場下でイオンが高速に移動して電気伝導に寄与する場合がある。この現象をイオン伝導（ionic conduction）といい，イオン伝導を示す物質はイオン伝導体と呼ばれる。可動イオンの種類は少なく，適当なイオン半径をもつイオン，ことに1価の陽イオンにほぼ限られている。イオン伝導体においては，通常，稼働イオンは陽イオン，陰イオンのどちらかで，正負両イオンが移動することができる電解質水溶液とは異なる。イオン半径の比較的小さい Li^+，Na^+，Ag^+，Cu^+ などの1価の陽イオンは室温付近でもイオン伝導性を示すが，F^-，O^{2-} などのイオン半径の比較的大きい陰イオンが移動するには高い温度が必要である。

イオン伝導体は，次のような構造的特徴を持っている。

(1) 多量の空格子点をもつもの…安定化ジルコニア，（2価あるいは3価金属イオンをドープした）酸化セリウムなど
(2) 平均構造をとるもの…α-AgI，Ag_3SI，$RbAg_4I_5$，$Ag_6I_4WO_4$ など
(3) トンネル，層状，網目構造をとるもの…β-アルミナ，Li_xTiS_2 など
(4) 非晶質（ガラス）となるもの…$LiNbO_3$ など

これらのうち，実用化されている代表的なものについて，次に説明する。

安定化ジルコニアは，酸素センサや燃料電池でに使用されている。ZrO_2 は，低温では

単斜晶系で，1170℃付近で正方晶へ，さらに2200℃で立方晶へと結晶構造が変化する。ZrO_2に2価あるいは3価の金属イオンの酸化物を固溶させると，これらの金属イオンはZr^{4+}と置換して，室温においても立方晶の蛍石型構造が安定に存在できるようになるとともに，酸化物イオン伝導性が現れる。固溶させる物質としては，一般にCaOとY_2O_3が用いられるほか，希土類酸化物も使われる。CaOを固溶させるときの反応式は，以下のようになる。

$$(1-x)ZrO_2 + x\,CaO = Zr_{1-x}Ca_xO_{2-x} + x\,\square_O^{2-}$$

ここで$\square_O^{2-}$は酸化物イオンの空孔を示す。この空孔を介して酸化物イオンの移動が可能となる。イオン伝導度は，固溶する酸化物の量に依存し，その最適量は10～20mol%である。

β-アルミナはナトリウム硫黄電池の電解質に応用されている。$Na_2O \cdot 11Al_2O_3$の化学式で示されるβ-アルミナは，スピネル層と呼ばれる$Al_{11}O_{16}$ブロックがNa_2Oからなる層をはさむ構造をとっている。スピネルブロック内ではO^{2-}は立方最密充填しているのに対し，Na_2O層は充填度が低く，隙間が多い。Na^+がこの隙間を通って層内を容易に動き回れるので高いイオン伝導性を示す。

8-3　リチウムイオン二次電池

リチウムイオン二次電池は，動作電圧が高く，小型・軽量化が可能であるので，1990年代に開発されてから応用が急速に広がり，現在，高性能モバイル機器の大半に使われている。金属リチウムは非常に反応性が高いので，リチウムイオンを含む物質を利用することで，安全な電池が実現した。

一般的なリチウムイオン二次電池は，負極に炭素，正極にコバルト酸リチウムが使われている（図8-5）。コバルト酸リチウムは，酸化コバルトとリチウムが交互に層状になっ

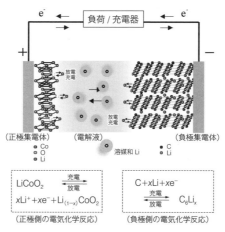

図8-5　リチウムイオン二次電池の電極反応

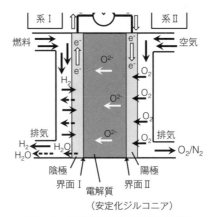

図8-6 固体電解質燃料電池の構造

た構造をしている。電池を充電すると，この層の隙間からリチウムイオンが抜け出て負極に移動し，炭素の黒鉛構造の層間に移動する。電池を使うと（放電），リチウムイオンが黒鉛層間から出てきて，コバルト酸リチウム層の隙間に入り込む。

8-4 燃料電池

第7章，6節で説明したように，可燃性ガスの燃焼反応の化学エネルギーを電気エネルギーに変換するのが燃料電池（Fuel cell）である。水素と酸素の化学反応によって発電することを基本としている。電解質に安定化ジルコニアを用いた燃料電池の原理を図8-6に示す。安定化ジルコニアによって，系Ⅰと系Ⅱが分離されている。系Ⅰに水素と水蒸気を，系Ⅱに純酸素を供給する。電極界面では，

界面Ⅰ： $H_2 + O^{2-} \longrightarrow H_2O + 2e^-$

界面Ⅱ： $1/2\, O_2 + 2e^- \longrightarrow O^{2-}$

の反応が生じる。水素の燃焼反応

$$H_2 + 1/2\, O_2 \rightleftarrows H_2O$$

の平衡定数を K とすると

$$\frac{P_{H_2O}}{P_{H_2} \cdot P_{O_2}^{1/2}} = K$$

発生する起電力 E は

$$E = \frac{RT}{2F} \ln K = \frac{\Delta G}{2F}$$

　　　　ΔG：水素の燃焼反応のギブス自由エネルギー変化

電解質の材料によって，固体高分子形，リン酸形，溶融炭酸塩形，固体酸化物形の種類がある。固体高分子を利用した燃料電池は，ごく最近，自動車に搭載され，クリーンなエネルギー源としての使用が実用化された。作動温度が高い固体酸化物形の発電効率は 40

〜50％と高い。排熱温度が高いので，タービン発電機などと組み合わせるとさらに高い発電効率が期待できる。省エネルギーの推進はもとより，低炭素社会の実現に貢献する新しいエネルギー供給システムとして期待されている。発電所としての用途や，工場・大規模ビルなどの分散電源，家庭用コージェネレーションシステムとしての利用が見込まれている。

章末問題

1 電気を比較的よく伝える無機固体には，金属，半導体，超伝導体，イオン伝導体（固体電解質），混合伝導体（電子伝導とイオン伝導の両方が起きる）などがある。電気を伝える電化担体（キャリア）には，電子，正孔（ホール），イオンがあり，これらの濃度や伝導機構によって多様な電子物性が出現する。また，(イ) 外場の印加や (ロ) 外界との相互作用によって引き起こされるさまざまな現象が，いろいろな方面に利用され役立てられている。

(1) 下線部（イ）の外場として，磁場がある。半導体と流れる直流電流と垂直方向に磁場を印加したときに現れる効果について，簡潔に説明せよ。また，この現象の応用例を一つ挙げよ。

(2) 下線部（イ）の外場として，温度差がある。棒状に切り出した固体の方端を暖めて，両端に温度差をつけるとどのような効果が現れるか，簡潔に説明せよ。また，この現象の応用例を1つあげよ。

(3) 下線部（ロ）の例として，気体分子と固体表面との相互作用がある。可燃性ガスセンサに応用されているn型半導体 SnO_2 のガス検知機構を簡潔に説明せよ。

（名古屋大学大学院工学研究科（応用化学）入試問題　平成21年度）

2 次の1) 〜 10) の特性から5項目を選択し，これらの特性が優れている代表的なセラミックスを下の枠内のa) 〜 t) より1つ選び，選んだセラミックスの化学式もしくは結晶構造の特徴を示しなさい。さらに選んだセラミックスが，その特性を発現するメカニズムを簡潔に説明するとともに，その特性を利用した具体的な用途を示せ。

特性

1) フェリ磁性	2) イオン伝導性	3) 発光特性	4) 強誘電性
5) バリスタ特性	6) 生体活性	7) 高熱伝導性	8) 低熱膨張性
9) 高じん性	10) 潤滑性		

セラミックス

a)	安定化ジルコニア	b)	イットリウム・アルミニウム・ガーネット		
c)	グラファイト	d)	コーディエライト	e)	酸化亜鉛
f)	酸化チタン	g)	水酸アパタイト	h)	スポジュメン
i)	ゼオライト	j)	ダイヤモンド	k)	チタン酸ジルコン酸鉛
l)	チタン酸バリウム	m)	窒化ケイ素	n)	窒化アルミニウム
o)	窒化ホウ素	p)	二硫化モリブデン	q)	ハロリン酸カルシウム
r)	フェライト	s)	β-アルミナ	t)	部分安定化ジルコニウア

（東京工業大学大学院理工学研究科（無機材料）入試問題　平成24年度）

第 1 章　章末問題解答

1

(1) $^{14}_{7}\text{N}$ + $^{1}_{1}\text{H}$ ⟶ $^{11}_{6}\text{C}$ + $^{4}_{2}\text{He}$

(2) $^{27}_{13}\text{Al}$ + $^{1}_{0}\text{n}$ ⟶ $^{27}_{12}\text{C}$ + $^{1}_{1}\text{H}$

(3) $^{55}_{25}\text{Mn}$ + $^{2}_{1}\text{H}$ ⟶ $^{55}_{26}\text{Fe}$ + $2\,^{1}_{0}\text{n}$

(4) $^{7}_{4}\text{Be}$ ⟶ $^{7}_{3}\text{Li}$ + $^{0}_{1}\text{e}$

2

崩壊定数は

$0.693/40 \text{ min} = 0.693/(40 \times 60 \text{ sec}) = 2.89 \times 10^{-4} \text{ sec}^{-1}$

かかる時間を t とすると，t 時間後には，2%残っているので

$-\ln(2/100)/t = 2.89 \times 10^{-4} \text{ sec}^{-1}$

したがって，$t = 1.35 \times 10^{4} \text{ sec} = 1.35 \times 10^{4}/(60 \times 60) = 3.75$ 時間

3

崩壊定数は

$0.693/5730$ 年 $= 1.21 \times 10^{-4}$ 年

したがって

$-\ln(86/100)/1.21 \times 10^{-4}$ 年 $= 1.25 \times 10^{3}$ 年

　　　　　　　　　　答　1250 年前

第 2 章　章末問題解答

1

n = 4, l = 0 のとき	m = 0	1 個
n = 4, l = 1 のとき	m = 1, 0, −1	3 個
n = 4, l = 2 のとき	m = 2, 1, 0, −1, −2	5 個
n = 4, l = 3 のとき	m = 3, 2, 1, 0, −1, −2, −3	7 個
	合計 16 個	

2

(1) $1s^2 2s^2 2p^6 3s^2 3p^6 3d^6 4s^2$

(2) $1s^2 2s^2 2p^6 3s^2 3p^6 3d^6$

(3) $1s^2 2s^2 2p^6 3s^2 3p^6 3d^{10} 4s^2 4p^6 4d^{10} 4f^6 5s^2 5p^6 6s^2$

3

(1) $1s^2 2s^2 2p^6 3s^2 3p^5$

(2) $1s^2 2s^2 2p^6 3s^2 3p^1$

(3) $1s^2 2s^2 2p^6 3s^2 3p^6$

(4) $1s^2 2s^2 2p^6 3s^2 3p^6$

(5) $1s^2 2s^2 2p^6$

4

Te＞Se＞S＞O

理由：原子番号の増加とともに，核電荷が増加するが，最外殻電子であるｐ電子が，２ｐ，３ｐ，４ｐ，５ｐと加わることにより半径が増大する。

第 3 章　章末問題解答

1

(1) N 原子の電子配置は，3 つの 2p 軌道に 1 つずつスピンを平行の配置されるため，半閉殻の安定性がうまれ，O よりも第一イオン化エネルギーが大きくなる。同様に P においても，3p 電子の半閉殻のため，S よりも第一イオン化エネルギーが大きくなる。

(2) Ca の第一および第二イオン化エネルギーは，3p 電子の除去であるが，第三イオン化エネルギーは，内殻の 3s 電子であるため，急に大きなエネルギーが必要になる。Si の第五イオン化エネルギーでは，同様に，内殻の 2p 電子の除去になるため，急に大きなエネルギーが必要になる。

2

Na の第 2 イオン化エネルギーは，内殻の 2s 電子を除去するエネルギーである。Mg は内殻の 3s 電子を除去するエネルギーである。また，Al も内殻の 3s 電子を除去するエネルギーである。したがって，一番原子核に近い 2s 電子の除去にあたる Na が，最も第 2 イオン化エネルギーが大きい

3

(1) $0.5 \times (5.39 - 0.618) = 3.00$

(2) $3.00/2.8 = 1.07$

(3) $|3.98 - 1.07| = 2.91$　　$2.91 > 1.7$　　イオン結合性 50% 以上

4

$K^+ > Na^+ > Li^+$　の順に大きい。

理由は

Li^+，Na^+，K^+ イオンの最外殻電子は，それぞれ，$2p^6$，$3p^6$，$4p^6$ であり，内殻電子数はこの順で増大するため，イオン半径が大きくなる。なお，すべて +1 価で，原子核の陽電荷が外殻電子の陰電荷より 1 つ多いのは，3 つのイオンで共通である。

5

(A) $Br^- > Rb^+ > Sr^{2+}$

(B) 電子数は同じだが，原子番号の増加にしたがって陽子数が増え，核電荷が増大して，電子を内側に引っ張るため，イオン半径が，原子番号の順に大きくなる。

6

(1)

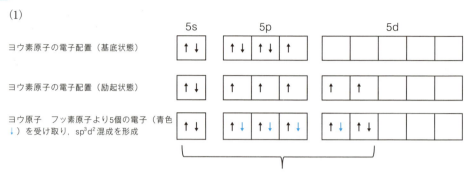

孤立電子対を含めて，正八面体形となり，孤立電子対を含めない分子の形は，四角錐形となる。

(2)

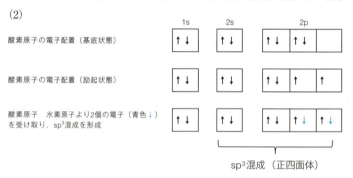

2つの孤立電子対を含めて，正四面体形となり，孤立電子対を含めない分子の形は，折れ線形となる。

(3)

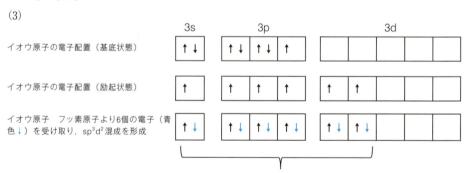

正八面体形となる。

7

Be の原子軌道は $1s^2 2s^2$ であり。Be の分子軌道では，結合性軌道に4つの電子が配置され安定化するが，反結合性軌道にも同数の4つの電子が配置され，安定化エネルギーは相殺されてしまい，安定な分子として存在できない。Ne においても，結合性軌道に配置された電子数と反結合性軌道に配置された電子数が同数となり，安定な分子とならない。

第4章　章末問題解答

1
(1) 最外殻軌道の主量子数が大きくなると，原子半径の増加のために核間距離が長くなるので，共有結合は弱くなる。そのために，表の左から右の元素に行くにつれて，バンドギャップは小さくなる。バンドギャップの減少とともに絶縁体から半導体へ，そして金属へと変化する。
(2) 1.1eVのエネルギーをもつ光の波長 λ [nm] は
　　$E[\mathrm{eV}] = 1240/\lambda$ より，1130 nm。
これより短い波長の光は吸収される。可視光（波長 400-700nm）は，吸収されるので，灰色（あるいは黒色）に見える。

2

$U = -\Delta H_f + S + I_1 + 1/2D - E_A$
　$= 560 + 157 + 1462 + 1/2 \times 498 - (-702) = 3130 \mathrm{~kJmol^{-1}}$

3
ⓐ 格子エネルギーの大きさは，結晶構造の影響を受ける。
ⓑ 同じ結晶構造であれば，格子エネルギーはイオンの価数が大きくなるほど大きくなる。
ⓒ 同じ結晶構造であれば，格子エネルギーは，原子間距離が小さいほど大きくなる。結晶を構成するイオンのイオン半径が小さいほど，大きくなる。

4
(1) （イ）網目形成体（酸化物），（ロ）網目修飾体（酸化物）
(2) T_2：ガラス転移温度，T_3：融点
(3) 融点以下でも液体状態を保っている。過冷却液体とよばれる。
(4) 液体と急冷すると，融点において原子や分子の再配列に十分な時間を取れないで過冷却液体状態となるので，さらに温度を下げていくと，構造は液体に近く，流動性においては固体に近いガラスが生成する。

第 5 章　章末問題解答

1

(1) トリオキサラトマンガン（III）酸カリウム

(2) トリスエチレンジアミンニッケル（II）硫酸塩 or 硫酸トリスエチレンジアミンニッケル（II）

(3) ジクロリドビスエチレンジアミンコバルト（III）塩化物 or 塩化ジクロリドビスエチレンジアミンコバルト（III）

2

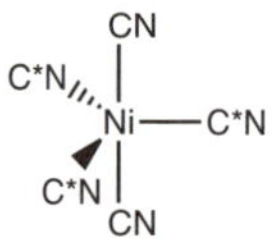

(1) 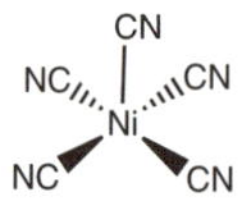　(2) 　(3)

3

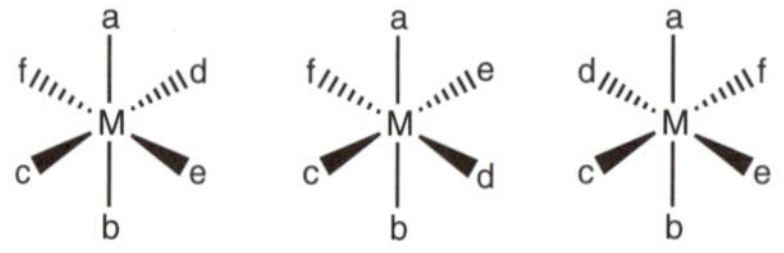

(A) 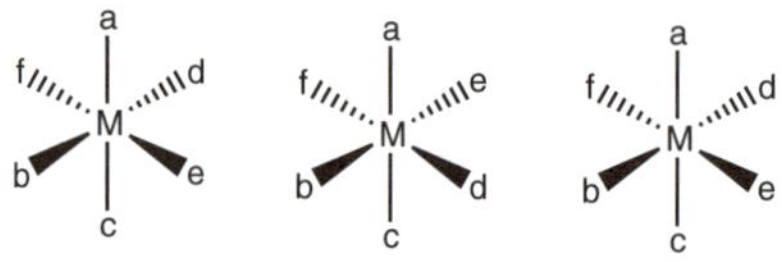 (B) 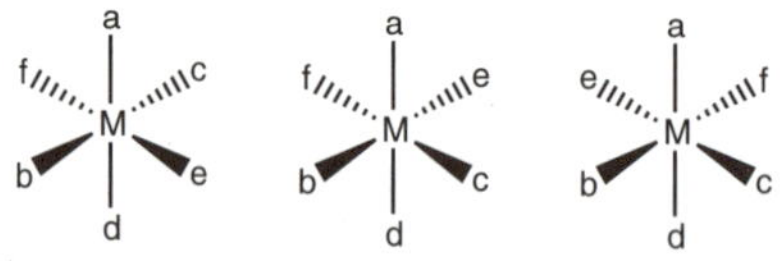 (C) 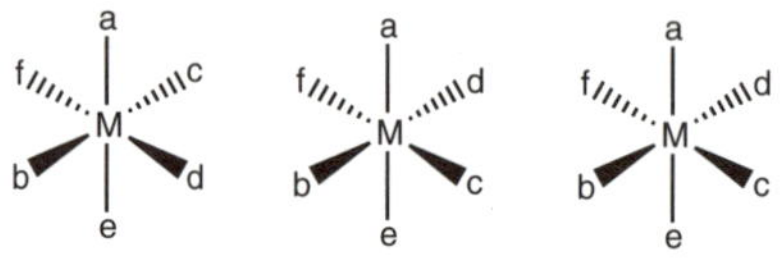 (D)  (E)

4 (1)

Ph₃P—Pt(—Cl)(—Cl)(—NH₃)   Ph₃P—Pt(—Cl)(—Cl)(—NH₃)

(2)

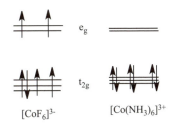

mer-trans　　mer-cis　　fac

5
　塩化マンガン (II) の結晶中に存在する金属イオン Mn^{2+} は，d^5 の電子配置をとる。Mn^{2+} に配位する配位子として考えられるのは Cl^- と H_2O であり，いずれも弱配位子場をつくるので錯体の構造にかかわらず，半充填になるので，光によってスピンを反転し励起することができないスピン禁制遷移となるために塩化マンガンの結晶は半透明になる。一方塩化コバルト (II) の結晶中に存在する金属イオン Co^{2+} は d^7 の電子配置をとり，錯体の構造に関わらずスピン禁制遷移とならないために塩化コバルトの結晶は光の吸収係数が大きく不透明になる。

6
(1)　高スピン錯体か低スピン錯体かは配位子による d 軌道の分裂幅に依存し，d 軌道を分裂させる効果は π 受容性配位子＞π 結合性のない配位子＞π 供与性の配位子の順になる（例題 5-7 参照）。したがってアンミン錯体が低スピン錯体であり，フルオリド錯体が高スピン錯体となる。
(2)　それぞれの錯体の電子配置から，不対電子が存在するフルオリド錯体は常磁性であり，不対電子を持たないアンミン錯体は反磁性である。

$[CoF_6]^{3-}$　　$[Co(NH_3)_6]^{3+}$

(3)　電子配置と電子数から LFSE を計算する。
　LSFE($[CoF_6]^{3-}$) = $\frac{2}{5}\Delta_0 \times 6 - 3P$
　LSFE($[Co(NH_3)_6]^{3+}$) = $\frac{2}{5}\Delta_0 \times 4 - \frac{3}{5}\Delta_0 \times 2 - P = \frac{2}{5}\Delta_0 - P$

7
　固体の塩化コバルト (II) は Co 原子に Cl^- が 2 つと 4 分子の H_2O が配位した $[CoCl_2(H_2O)_4]$ が

主たる着色の原因化学種であるのに対して固体の硫酸コバルト（II）および硝酸コバルト（II）の主たる着色の原因化学種は $[Co(H_2O)_6]^{2+}$ であるために硫酸コバルトと硝酸コバルトは似た色調になり塩化コバルトとは異なる。一方，これらの固体を水に溶解した水溶液中ではすべて $[Co(H_2O)_6]^{2+}$ となるために同じ色調になる。

8

$$\log \beta_1 = \log K_1 = 4.31$$
$$\log \beta_2 = \log K_1 K_2 = \log K_1 + \log K_2 = 4.31 + 3.67 = 7.98$$
$$\log \beta_3 = 7.98 + 3.04 = 11.02$$
$$\log \beta_4 = 11.02 + 2.30 = 13.32$$

9

10

化学種分布図を作成するためには全銅濃度

$$[CuAll] = [Cu^{2+}] + [Cu(NH_3)^{2+}] + [Cu(NH_3)_2^{2+}] + [Cu(NH_3)_3^{2+}] + [Cu(NH_3)_4^{2+}]$$

に対する各化学種の相対濃度を算出すればよい。化学種の相対濃度は全生成定数と配位子濃度から計算できる。

$$\mathrm{ratio}(Cu^{2+}) = \frac{[Cu^{2+}]}{[Cu\,all]} \times 100\%$$

$$\mathrm{ratio}(Cu(NH_3)^{2+}) = \frac{[Cu(NH_3)^{2+}]}{[Cu\,all]} \times 100\%$$

$$\mathrm{ratio}(Cu(NH_3)_2^{2+}) = \frac{[Cu(NH_3)_2^{2+}]}{[Cu\,all]} \times 100\%$$

$$\mathrm{ratio}(Cu(NH_3)_3^{2+}) = \frac{[Cu(NH_3)_3^{2+}]}{[Cu\,all]} \times 100\%$$

$$\mathrm{ratio}(Cu(NH_3)_4^{2+}) = \frac{[Cu(NH_3)_4^{2+}]}{[Cu\,all]} \times 100\%$$

表　Cu（II）アンミン錯体化学種分布曲線作成用計算表

配位子濃度		化学種濃度				
[NH_3]	$Cu(NH_3)(H_2O)_3$ β_1	$Cu(NH_3)_2(H_2O)_2$ β_2	$Cu(NH_3)_3(H_2O)$ β_3	$Cu(NH_3)_4$ β_4	合計
log	2.04E+04	9.55E+07	1.05E+11	2.08E+13	
-7	1.00E-07	2.04E-03	9.55E-07	1.05E-10	2.08E-15	1.00E+00
-6	1.00E-06	2.04E-02	9.55E-05	1.05E-07	2.08E-11	1.02E+00
-5	1.00E-05	2.04E-01	9.55E-03	1.05E-04	2.08E-07	1.21E+00
-4	1.00E-04	2.04E+00	9.55E-01	1.05E-01	2.08E-03	4.10E+00
-3	1.00E-03	2.04E+01	9.55E+01	1.05E+02	2.08E+01	2.43E+02
-2	1.00E-02	2.04E+02	9.55E+03	1.05E+05	2.08E+05	3.23E+05
-1	1.00E-01	2.04E+03	9.55E+05	1.05E+08	2.08E+09	2.19E+09

配位子濃度		化学種存在比（%）				
log[NH_3]	Cu(aq)	$Cu(NH_3)(H_2O)_3$	$Cu(NH_3)_2(H_2O)_2$	$Cu(NH_3)_3(H_2O)$	$Cu(NH_3)_4$
-7	100	0	0	0	0
-6	98	2	0	0	0
-5	82	17	1	0	0
-4	24	50	23	3	0
-3	0	8	39	43	9
-2	0	0	3	33	64
-1	0	0	0	5	95

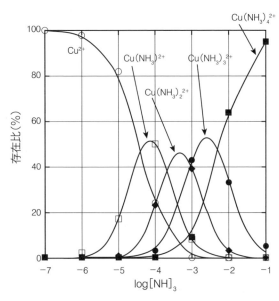

図　化学種分布図

11

トランス指向性の強い配位子のトランス位の配位子が優先的に置換されることに着目して，錯体の合成の出発原料を選択する。トランス指向性は Cl > NH$_3$ である。

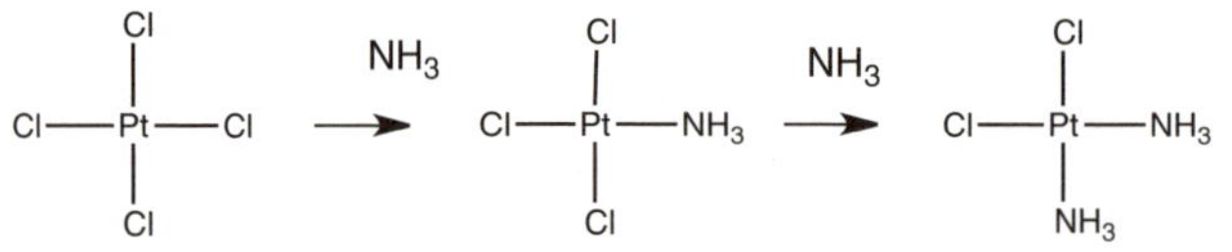

$$\text{Cl}_4\text{Pt} \xrightarrow{\text{NH}_3} \text{Cl}_3\text{Pt(NH}_3\text{)} \xrightarrow{\text{NH}_3} \text{cis-[PtCl}_2(\text{NH}_3)_2]$$

$$[\text{Pt(NH}_3)_4]^{2+} \xrightarrow{\text{Cl}} [\text{PtCl(NH}_3)_3]^+ \xrightarrow{\text{Cl}} \text{trans-[PtCl}_2(\text{NH}_3)_2]$$

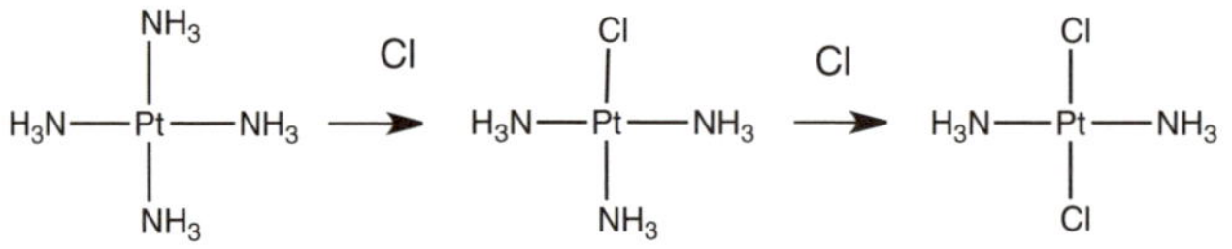

12

酸および塩基の硬さ・柔らかさを周期表で考えると，上の元素が硬く，下の元素が柔らかいといえる。したがって Cr^{3+} は硬く Pt^{2+} は柔らかい酸といえる。一方，SCN の配位原子の中で N が硬く，S が柔らかい塩基であると考えると生成する錯体の結合様式は $[\text{Cr(NCS)}_n]^{3-}$，$[\text{Pt(SCN)}_n]^{2-n}$ となる。

第 6 章　章末問題解答

1

(a) HClO：次亜塩素酸，HClO$_2$：亜塩素酸，HClO$_3$：塩素酸，HClO$_4$：過塩素酸

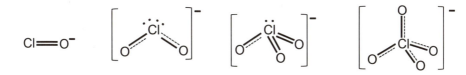

(b) 酸性度の順は，HClO < HClO$_2$ < HClO$_3$ < HClO$_4$ になる。その理由は次の通りである。

① 中心原子の電気陰性度が大きいほど，ヒドロキシ基の酸素原子のもつ電子を中心原子の方に強く引きつけるので，酸素原子と結合している水素をつなぎとめる力が弱くなる。中心原子が同じ場合には，結合しているオキソ基の数が多いほど強酸となる。

② それぞれの酸の陰イオンの共鳴構造は，それぞれ，1つ，2つ，3つ，4つの局在構造をとる。共鳴安定化効果により，ClO$^-$ < ClO$_2^-$ < ClO$_3^-$ < ClO$_4^-$ の順に安定となる。これらの陰イオンは，対応する酸から水素イオンが解離した共役塩基であり，共役塩基が安定な酸の酸性度が高くなる。

2

BX$_3$ + NMe$_3$ → X$_3$B − NMe$_3$ の反応において，BF$_3$ < BCl$_3$ < BBr$_3$ の順にルイス酸性が強い。BX$_3$ 中のハロゲン原子とホウ素原子は π 結合形成しておりその強さは，B − F > B − Cl > B − Br の順に大きい。BX$_3$ がアミンの電子対を受け入れるために切れる π 結合は，BF$_3$ の場合が最も強いため。

第 7 章　章末問題解答

1

半反応式　　　：$Cr_2O_7^{2-} + 14H^+ + 6e^- \longrightarrow 2Cr^{3+} + 7H_2O$

　　　　　　　　$H_2O_2 \longrightarrow O_2 + 2H^+ + 2e^-$

イオン反応式　：$Cr_2O_7^{2-} + 3H_2O_2 + 8H^+ \longrightarrow 2Cr^{3+} + 7H_2O$

酸化還元反応式：$K_2Cr_2O_7 + 3H_2O_2 + 4H_2SO_4 \longrightarrow Cr_2(SO_4)_3 + 3O_2 + 7H_2O + K_2SO_4$

2

半反応式　　　：$MnO_4^- + 4H^+ + 3e^- \longrightarrow MnO_2 + 2H_2O$

　　　　　　　　$H_2O_2 \longrightarrow O_2 + 2H^+ + 2e^-$

イオン反応式　：$2MnO_4^- + 3H_2O_2 + 2H^+ \longrightarrow 2MnO_2 + 3O_2 + 4H_2O$

酸化還元反応式：$2KMnO_4 + 3H_2O_2 \longrightarrow 2MnO_2 + 3O_2 + 2H_2O + 2KOH$

3

負極：$Sn^{2+} \longrightarrow Sn^{4+} + 2e^-$

正極：$Ag^+ + e^- \longrightarrow Ag$

4

(1)　$ClO^- + 2H^+ + 2e^- \longrightarrow Cl^- + H_2O$

(2)　$S_2O_3^{2-} + 5H_2O \longrightarrow 2SO_4^{2-} + 10H^+ + 8e^-$

(3)　$Na_2S_2O_3 + 4HClO + H_2O \longrightarrow 2Na_2SO_4 + 2NaCl + 2HCl$

5

(1)　鉄板上に銅が析出する。

　　　　$Fe + Cu^{2+} \longrightarrow Fe^{2+} + Cu$

(2)　右図参照

(3)　ファラデーの法則を用いる。

　　　求める質量を x とおくと

$$\frac{(1.0 \times 10^{-3}) \times 100}{9.65 \times 10^4} \times \frac{1}{2} = \frac{x}{63.5}$$

　　　∴ $x \fallingdotseq 3.3 \times 10^{-5}$ g $= 33\,\mu$g

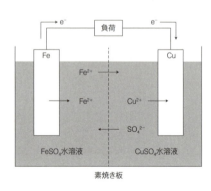

6

(1)　$3Fe^{2+} \longrightarrow 2Fe^{3+} + Fe$

(2)　Fe^{2+} が電子を放出して Fe^{3+} となる一方で，Fe^{2+} が電子を受け取って Fe となる。
電池に置き換えると，Fe^{2+} が Fe^{3+} となる側が負極で，Fe^{2+} が Fe となる側は正極といえる。
標準起電力 $E°$ を求めると，

$E° = -0.44 - (+0.77) = -1.21$ V

したがって標準起電力 $E°$ は負となり，標準状態では自発的に進行しない。

7

(1) $E = E° - \dfrac{RT}{3F} \ln\left(\dfrac{[A][B^{3+}]}{[A^{3+}][B]}\right)$

(2) 平衡状態であるので起電力 E は 0 である。

(3) 起電力 E は 0 であること，また平衡定数 $K = \dfrac{[A][B^{3+}]}{[A^{3+}][B]}$ であることから

$E = E° - \dfrac{RT}{3F} \ln\left(\dfrac{[A][B^{2+}]}{[A^{2+}][B]}\right)$ より，$E° = \dfrac{RT}{3F} \ln K$

∴ $K = \exp\left(\dfrac{3F}{RT} E°\right)$

第 8 章　章末問題解答

1

(1) 電流に垂直に磁場をかけたときに，電流と磁場の両方に直交する方向に起電力が発生する（ホール効果）。起電力の符号と大きさから半導体のキャリアの種類と密度がわかる。磁場の検出にも利用される。

(2) 半導体に温度差をつけると起電力が発生する（ゼーベック効果）。電圧の符号と大きさから半導体のキャリアの種類と密度がわかる。温度測定に利用可能（熱電対）。熱源から電力を作り出すことができる（熱電発電）。

(3) 高温の酸化スズ表面に吸着した酸素ガスにより，抵抗が増加する。可燃性ガスが存在すると，表面吸着酸素量が減少し電気が流れやすくなる。この抵抗変化を利用してガス検知する。

2

1) フェライト，Fe_3O_4 等。結晶構造中に逆方向のスピンを持つ 2 種類の磁性イオンが存在し，互いの磁化が異なるので全体として磁性をもつ。磁気記録材料。

2) 安定化ジルコニア。ZrO_2 は，低温では単斜晶系で，1170℃付近で正方晶へ，さらに 2200℃で立方晶へと結晶構造が変化する。ZrO_2 に 2 価あるいは 3 価の金属イオンの酸化物を固溶させると，これらの金属イオンは Zr^{4+} と置換して，室温においても立方晶の蛍石型構造が安定に存在できるようになるとともに，酸化物イオン伝導性が現れる。酸素センサ，燃料電池。

   $β$-アルミナ。$Na_2O \cdot 11Al_2O_3$ の化学式で示される $β$-アルミナは，スピネル層と呼ばれる $Al_{11}O_{16}$ ブロックが Na_2O からなる層をはさむ構造をとっている。スピネルブロック内では O^{2-} は立方最密充填しているのに対し，Na_2O 層は充填度が低く，隙間が多い。Na^+ がこの隙間を通って層内を容易に動き回れるので高いイオン伝導性を示す。ナトリウム・硫黄電池

3) イットリウム・アルミニウム・ガーネット，$Y_3Al_5O_{12}$。
   Nd を添加したものがレーザー発振材料，Ce を添加したものが黄色蛍光体。

4) チタン酸ジルコン酸鉛，$Pb(Zr_x, Ti_{1-x})O_3$，チタン酸バリウム，$BaTiO_3$。
   陽イオン，陰イオンの変位による自発分極により強誘電性を示す。コンデンサ，圧電素子，強誘電体メモリ（FeRAM）等。

5) 酸化亜鉛。ZnO。添加物を加えた焼結体中の粒界に形成された高抵抗層により，非線形な電圧―電流特性をしめす。サージ保護デバイス，避雷器。

6) 水酸アパタイト，$Ca_{10}(PO_4)_6(OH)_2$。歯や骨の構成成分であり，生体組織と化学結合の形成が可能。人工歯根，骨の欠損部の補填等。
   部分安定化ジルコニウム。2) の安定化ジルコニアより安定化剤の添加量を少なくして，立方晶の母相中に正方晶粒子を析出させた材料。外部から力を加えると，正方晶が単斜晶に応力誘起して，高じん化する。人工骨。

7) ダイヤモンド，ダイヤモンド構造炭素。窒化アルミニウム，AlN。
   原子間の結合力が強く，格子振動量子（フォノン）の移動により熱伝導度が大きい。半導体デバイス等の放熱基板。

8) コーディエライト，$Mg_2Al_4Si_5O_{18}$。熱交換器，ハニカム状触媒担体。
   スポジュメン，$LiAlSi_2O_6$。耐熱ガラスの中に結晶化析出させる。調理機器。
9) 窒化ケイ素，Si_3N_4。原子間の結合力が強い。粒径，粒形制御した焼結技術。ベアリング等，機械部品。自動車部品。破砕ボール，刃物。
   部分安定化ジルコニア。6) 項参照。
10) 窒化ホウ素，BN。二硫化モリブデン，MoS_2。グラファイト，黒鉛構造炭素。
    層状の結晶構造中の層間の弱い結合。固体潤滑剤。

索　　引

d ブロック元素　20
e_g 軌道　78
fac 体　76
HSAB 則　96
mer 体　76
n 型半導体　116
pn 接合　117
pn 接合素子　118
p 型半導体　116
p ブロック元素　20
sp^2 混成軌道　38
sp 混成軌道　37
s ブロック原子　20
t_{2g} 軌道　78
α 崩壊　8
α 粒子　8
β^+ 崩壊　8
β-アルミナ　120
β^- 崩壊　8
π 結合　37
σ 結合　37

あ 行

アクセプター準位　116
アクチノイド　20
アモルファス　71
アレニウス　92
安定化ジルコニア　119

安定同位体　7

イオン化エネルギー　28
イオン結合　28
イオン伝導　119
イオン伝導体　119
一次電池　109
一重結合　37
陰極　111
陰電子　8

ウルツ鉱型構造　64

エネルギー準位　14
エネルギーバンド　46, 51
エレクトロンボルト　28
塩化セシウム型構造　63
塩化ナトリウム型構造　62

オッドー－ハーキンズの法則
　　2

か 行

殻　19
硬い酸・塩基　96
価電子　52
幾何異性体　76

基底状態　13
起電力　101
キャリア　52
共役塩基　93
共役酸　93
許容帯　47
キレート効果　85
禁制帯　47, 52
金属結合　46

空間格子　54
空間充填率　58

結晶場安定化エネルギー
　　80
原子　3
原子核　3
原子核反応　6
原子軌道　14
原子質量単位　5
原子半径　21
原子量　5
元素　4

光学異性体　77
格子　54
格子エネルギー　68
格子点　54
高スピン錯体　80

141

構成原理　17
コランダム型構造　66
孤立電子対　39

さ 行

酸解離指数　93
酸化還元反応式　99
三射晶系　54
三重結合　37
三方（菱面体）晶系　54

磁気量子数　14
質量数　5
斜方晶系　54
周期表　20
周期律　20
ジュウテリウム　5
縮退　15
主遷移元素　20
主量子数　14
シュレディンガー　14
常磁性　17
シリコン　52
真性半導体　116

水素結合　48
スピネル型構造　66

正極　101
正孔　52
正方晶系　54
整流作用　118
石英ガラス　71

絶縁体　47, 52
閃亜鉛鉱型構造　63
遷移元素　20

ソフトネスパラメーター　70

た 行

体心立方　54
体心立方構造　58
ダイヤモンド型構造　62
太陽系存在度　1
ダニエル電池　101
単位格子　54
単結合　37
単斜晶系　54
単純単位格子　54
単純立方　54
単体　4

地殻存在度　2
置換活性アクア化反応　82
中性子　3

低スピン錯体　80
電気陰性度　32
電気分解　111
典型元素　20
電子　3
電子雲　3
電子親和力　31
電子対　17
電子の海モデル　46

1 電子の軌道　15
2p 電子の軌道　16
3d 電子の軌道　16
電子配置　17
電池　101
電池図式　102
伝導帯　52

同位体　5
動径分布関数　15
ドナー準位　116
トランス効果　87
トリチウム　5

な 行

内部遷移元素　20
鉛蓄電池　109

二次電池　109
二重結合　37

ネルンストの式　105
年代測定　9, 60
燃料電池　110, 121

は 行

配位子　75
配位数　58
排他原理　17
パウリの原理　17
波動関数　14
波動方程式　14

半金属　21
半減期　9
反磁性　17
バンド　46
半導体　52
半導体ダイオード　118
バンドギャップ　52
バンド理論　46
半反応式　98
半閉殻　18

光起電力効果　118
標準起電力　104
標準自由エネルギー　107
標準水素電極　103
標準電極電位　103

ファンデルワールス力　48
不活性電子対　29
負極　101
副殻　19
不純物半導体　116
不対電子　17
フラーレンC60　61
ブラベ格子　54
プランク定数　14
ブレンステッド酸・塩基　92
プロチウム　5
分光化学系列　79
フントの規則　18

閉殻　19
ペロブスカイト型構造　67

方位量子数　14
崩壊　7
崩壊定数　9
放射性同位体　7
放射崩壊系列　7
ボーア　12
ポーリング　32
ホール　52
蛍石型構造　64
ボルン-ハーバーサイクル　68
ボルン-マイヤー式　70

ま 行

マデルング定数　70
マリケン　32

ミラー指数　55

面心立方　54
面心立方格子　57

や 行

軟らかい酸・塩基　96

有効核電荷　21

陽極　111
陽子　3
陽電子　8

ら 行

ランタノイド　20
ランタノイド収縮　35

リチウムイオン二次電池　120
立方最密充填構造　57
立方晶系　54
量子　14

ルイス酸・塩基　94
ルチル型構造　65

励起状態　13

六方最密充填構造　57
六方晶系　54

著者略歴

伊藤 和男（著者代表）
1984年 東京工業大学大学院 理工学研究科 博士課程修了
現　在 大阪府立大学高専 教授，理学博士
専　門 無機化学，無機環境化学，土壌化学

石垣 隆正
1984年 東京大学大学院 工学系研究科 博士課程修了
現　在 法政大学 生命科学部 環境応用化学科 教授，工学博士
専　門 セラミック材料科学，固体化学，プラズマ化学

佐々木 洋
1988年 東京工業大学大学院 総合理工学研究科 博士課程修了
現　在 近畿大学共同利用センター講師，博士（工学）
専　門 結晶化学，X線構造解析

野田 達夫
2012年 京都大学大学院 農学研究科 博士後期課程修了
現　在 大阪府立大学高専 助教，博士（農学）
専　門 電気化学，無機化学，分析化学

演習で学ぶ無機化学

2016年4月15日　初版第1刷発行

　　　　　　　　Ⓒ　共著者　伊　藤　和　男
　　　　　　　　　　　　　　石　垣　隆　正
　　　　　　　　　　　　　　佐　々　木　　洋
　　　　　　　　　　　　　　野　田　達　夫
　　　　　　　　発行者　秀　島　　　功
　　　　　　　　印刷者　渡　辺　善　広

発行所　三 共 出 版 株 式 会 社　　郵便番号 101-0051
　　　　　　　　　　　　　　　　東京都千代田区神田神保町3の2
　　　　　　　　　　　　　　　　電話 03-3264-5711　FAX 03-3265-5149
　　　　　　　　　　　　　　　　http://www.sankyoshuppan.co.jp

一般社団法人 日本書籍出版協会・一般社団法人 自然科学書協会・工学書協会　会員

Printed in Japan　　　　　　　　　　　印刷・製本　壮光舎

〈社〉出版者著作権管理機構 委託出版物〉
本書の無断複写は、著作権法上での例外を除き禁じられています。複写される場合は、そのつど事前に、〈社〉出版者著作権管理機構（電話 03-3513-6969，FAX 03-3513-6979，e-mail: info@jcopy.or.jp）の許諾を得てください．

ISBN 978-4-7827-0745-6

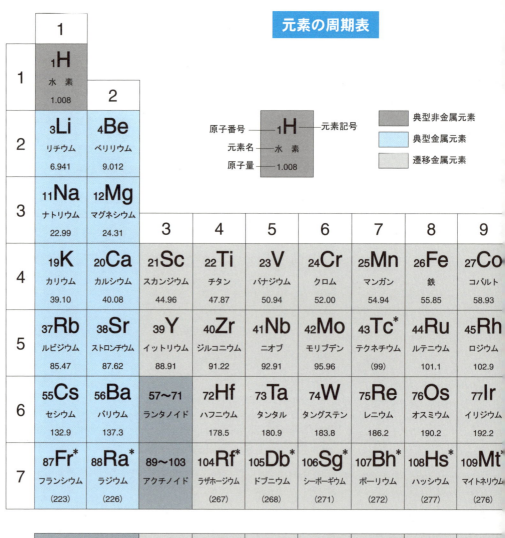

10	11	12	13	14	15	16	17	18
								2He ヘリウム 4.003
			5B ホウ素 10.81	6C 炭素 12.01	7N 窒素 14.01	8O 酸素 16.00	9F フッ素 19.00	10Ne ネオン 20.18
			13Al アルミニウム 26.98	14Si ケイ素 28.09	15P リン 30.97	16S 硫黄 32.07	17Cl 塩素 35.45	18Ar アルゴン 39.95
28Ni ニッケル 58.69	29Cu 銅 63.55	30Zn 亜鉛 65.38	31Ga ガリウム 69.72	32Ge ゲルマニウム 72.63	33As ヒ素 74.92	34Se セレン 78.96	35Br 臭素 79.90	36Kr クリプトン 83.80
46Pd パラジウム 106.4	47Ag 銀 107.9	48Cd カドミウム 112.4	49In インジウム 114.8	50Sn スズ 118.7	51Sb アンチモン 121.8	52Te テルル 127.6	53I ヨウ素 126.9	54Xe キセノン 131.3
78Pt 白金 195.1	79Au 金 197.0	80Hg 水銀 200.6	81Tl タリウム 204.4	82Pb 鉛 207.2	83Bi* ビスマス 209.0	84Po* ポロニウム (210)	85At* アスタチン (210)	86Rn* ラドン (222)
110Ds* ダームスタチウム (281)	111Rg* レントゲニウム (280)	112Cn* コペルニシウム (285)	113Uut* ウンウントリウム (284)	114Fl* フレロビウム (289)	115Uup* ウンウンペンチウム (288)	116Lv* リバモリウム (293)	117Uns* ウンウンセプチウム (293)	118Uno* ウンウンオクチウム (294)

64Gd ガドリニウム 157.3	65Tb テルビウム 158.9	66Dy ジスプロシウム 162.5	67Ho ホルミウム 164.9	68Er エルビウム 167.3	69Tm ツリウム 168.9	70Yb イッテルビウム 173.1	71Lu ルテチウム 175.0
96Cm* キュリウム (247)	97Bk* バークリウム (247)	98Cf* カリホルニウム (252)	99Es* アインスタイニウム (252)	100Fm* フェルミウム (257)	101Md* メンデレビウム (258)	102No* ノーベリウム (259)	103Lr* ローレンシウム (262)

( )内に示した。